Lingens

Business-Ökosysteme verstehen, aufbauen und managen

Bernhard Lingens

Business-Ökosysteme verstehen, aufbauen und managen

Der Praxisratgeber für Strategieentwicklung, Innovation und Transformation

Unter Mitarbeit von Ralf Isau

HANSER

Aus Gründen der besseren Lesbarkeit wird auf die gleichzeitige Verwendung der Sprachformen männlich, weiblich und divers (m/w/d) verzichtet.
Sämtliche Personenbezeichnungen gelten gleichermaßen für alle Geschlechter.

Print-ISBN: 978-3-446-48188-6
E-Book-ISBN: 978-3-446-48217-3
E-Pub-ISBN: 978-3-446-48250-0

Bibliografische Information der Deutschen Nationalbibliothek:
Die Deutsche Nationalbibliothek verzeichnet diese Publikation in der Deutschen Nationalbibliografie; detaillierte bibliografische Daten sind im Internet unter http://dnb.d-nb.de abrufbar.

www.hanser-fachbuch.de
Lektorat: Lisa Hoffmann-Bäuml
Redaktionelle Bearbeitung: Ralf Isau (Phantagon)
Herstellung: Carolin Benedix
Covergestaltung: Max Kostopoulos
Titelmotiv: gettyimages.de/Grapict Studio
Satz: Eberl & Koesel Studio, Kempten
Druck: CPI Books GmbH, Leck
Printed in Germany

Inhalt

Zum Inhalt

Business-Ökosysteme sind eines der derzeit meistdiskutierten und am stärksten gehypten Themen in der Managementpraxis. Kein Wunder, dass kaum eine Firma sich noch diesem Trend entzieht.

Auf der anderen Seite sind Ökosysteme genau daher auch zu einem Buzzword geworden. Vielfach werden alte Konzepte neu als Ökosystem tituliert, um auf den fahrenden Zug aufzuspringen und sich einen innovativen Anstrich zu geben. Genau hier liegt das Problem: Durch die inflationäre Verwendung des Begriffs besteht Unklarheit, was genau Ökosysteme sind, wie sie aufgebaut, verwendet oder gemanagt werden. Viele Unternehmen wenden Ökosysteme an, weil es ein Trend ist – verstehen aber nicht die Chancen und Grenzen des Konzepts, was zu Scheitern und Enttäuschung führt. Auf der anderen Seite hat die akademische Forschung präzise Definitionen und sauber fundierte Konzepte entwickelt. Leider sind diese vielfach zu verkopft und praxisfern, um echten Nutzen zu stiften. Was es daher braucht, ist ein Buch, das wissenschaftlich fundierte Managementkonzepte aufzeigt, diese aber gleichzeitig praxisnah verpackt und aufbereitet.

Genau das will dieses Buch erreichen. Der Autor, Prof. Dr. Bernhard Lingens, ist Forscher im Bereich Innovation und Business-Ökosysteme, dessen Arbeiten zum Thema in führenden wissenschaftlichen Magazinen publiziert wurden. Alle im Buch eingeführten Konzepte sind daher wissenschaftlich fundiert und basieren auf Fallstudien von mehr als 40 Ökosysteminitiativen. Als Unternehmensberater hat der Autor die Inhalte bereits selbst vielfach in Projekten angewendet und die Ökosystemstrategien diverser Großunternehmen, KMUs und Start-ups mitentwickelt. Gleichzeitig ist er Studiengangsleiter und Dozent zum Thema Innovation und Ökosysteme und hat in den letzten fünf Jahren mehr als 60 Manager in diesem Feld ausgebildet. Und nicht zuletzt ist er Unternehmer, der in Start-ups investiert und diese selber aufgebaut hat. In dieses Buch fließen daher wissenschaftlich fundierte, aber gleichzeitig in der Praxis erprobte Inhalte und Konzepte ein, die auch von Praktikern gut verstanden und umgesetzt werden können.

Vorwort

Ich bin fasziniert von Innovation – sie zu verstehen, sie voranzutreiben und sie zu ermöglichen. Kreativität und Innovationen sind ein Motor der Wirtschaft und bilden damit die Lebensgrundlage unzähliger Menschen auf unserem Planeten. Wir bewundern erfolgreiche Start-ups, die mit ihren neuen, frischen Ideen begeistern. Und oft auch unser Leben leichter machen. Wie Ihnen das besser gelingt, darum geht es in diesem Buch.

Denn in einer Welt, die sich immer schneller dreht, wird es von Tag zu Tag aufwendiger, echte Innovationen an den Start zu bringen. Auf den folgenden Seiten lernen Sie ein Konzept kennen, das für betriebliche Innovationen so etwas ist wie legales Doping für Leistungssportler.

Der Schwerpunkt des Buches liegt auf neuartigen Business-Ökosystemen, die seit der Jahrtausendwende zu großen Umwälzungen in der Wirtschaft geführt haben. Dabei geht es im Kern um die Idee, mithilfe von Partnern Innovationen umzusetzen, die man aus eigener Kraft so nie hätte realisieren können. Wer heute moderne Geschäftsideen erfolgreich und skalierbar im Markt etablieren möchte, kommt um diese neuen Ökosystemkonzepte kaum herum. Leider wird der Begriff »Ökosystem« aus genau diesem Grund als Buzzword missbraucht und auf alles angewendet, das irgendwie mit Partnern gemacht wird.

Genau hier setzt das Buch an. Es basiert auf meiner wissenschaftlichen Forschung an den Universitäten St. Gallen, Luzern und Aalborg. Die Erkenntnisse aus über vierzig Fallstudien und mehr als zwanzig Publikationen in führenden wissenschaftlichen Fachmagazinen sind in den Ratgeber eingeflossen. Alle vorgestellten Konzepte stammen aus meiner eigenen Beratungspraxis mit diversen großen wie auch kleinen Unternehmen sowie aus meinen universitären Studiengängen zur Weiterbildung von Führungskräften. Weit über 100 Manager haben diese Inhalte bereits erlernt und für sich angewendet. Auf den folgenden Seiten finden Sie somit die Essenz des aktuellen

Forschungsstands, kombiniert mit echten Fallbeispielen und praktischen Anwendungstipps.

Das Buch wendet sich an Strategie- und Innovationsbeauftragte, Geschäftsführer, Business-Development-Manager, aber auch an Start-up-Gründer. Ihnen bietet es das nötige Grundlagenwissen, um Chancen und Risiken der neuen Business-Ökosysteme einzuschätzen und diese Konzepte in der Praxis umzusetzen. Ganz bewusst verzichte ich auf weitläufige Erläuterungen in kaum verständlichem Fachjargon, sondern vielmehr vermittle ich das Wissen in kompakter Form.

Das Buch gliedert sich in drei große Teile: Im ersten lernen Sie den Unterschied zwischen neuen Business-Ökosystemen und klassischen Konzepten wirtschaftlicher Zusammenarbeit kennen. Der zweite Teil behandelt strategische Überlegungen und Entscheidungen zum Aufbau eines Innovations- oder Plattformökosystems. Teil 3 schließlich vermittelt das Basiswissen zur Umsetzung solcher Ökosysteme vor und nach deren Marktgang.

In meiner Dozententätigkeit begegne ich regelmäßig jungen Studenten, die gerade ihre Matura bzw. ihr Abitur abgelegt haben. Diese Schulabgänger beginnen erst damit, die von Anglizismen geprägte Terminologie der Wirtschaftswissenschaften zu verinnerlichen. Dieses Publikum für mein Forschungsthema zu begeistern, ist bisweilen eine didaktische Herausforderung, die mir bei der Arbeit an diesem populärwissenschaftlichen Sachbuch zugutekam. Deshalb können Sie ohne großes Vorwissen in die Lektüre einsteigen.

Ich habe darauf geachtet, das Thema auf möglichst einfache Art zu vermitteln und mich auf die wichtigsten Fachbegriffe zu beschränken – mit leicht nachvollziehbaren Erklärungen. Beispiele aus der Praxis werden Ihnen dabei helfen, Möglichkeiten zur Umsetzung Ihrer Ökosystemvorhaben zu erkennen und dafür gezielt die nächsten Schritte anzugehen.

Da leichte Lesbarkeit für mich bei der Realisierung des Buches Priorität hatte, benutze ich vorwiegend das generische Maskulinum. Ich finde, dass ein gelebter Respekt gegenüber Mitmenschen jeglicher Art allemal wirksamer ist als linguistische Formalien.

Nun wünsche ich Ihnen Spaß beim Lesen und viele erhellende Momente. Mögen Ihnen die Innovationen nie ausgehen.

Bernhard Lingens

I Business-Ökosysteme. Buzzword oder Innovationsbooster?

Sie kennen bestimmt diesen Filmschnitt, der wie wohl kein anderer die Innovationskraft des Menschen versinnbildlicht: Gerade haben wir noch gesehen, wie ein affenähnliches, aufrecht gehendes Wesen einen Artgenossen erschlägt. Als Keule benutzt es einen Oberschenkelknochen, den es zuvor gefunden und als nützliches Werkzeug entdeckt hat – die erste Innovation. Nun hat der Humanoide den Knochen als Waffe gebraucht – die zweite Innovation. Fortan wird seine Sippe Tapire jagen und Rivalen töten – nichts wird mehr sein wie vorher.

Im Triumph über seinen blutigen Sieg schleudert der Mörder den Knochen in die Luft. Rotierend strebt er dem Himmel entgegen und an seinem Umkehrpunkt – *Cut!* – verwandelt er sich in einen Satelliten, der die Erde umkreist.

Zwischen dem Knochen und den Raumfahrzeugen in Stanley Kubricks Filmepos *2001: Odyssee im Weltraum* liegen Millionen von Innovationen, die das Leben des Homo sapiens fortlaufend verändert haben. Bemerkenswert: In dem Blockbuster bringt die Affenhorde ihre epochale Innovation nicht aus sich selbst heraus in die Welt. Die Gemeinschaft brauchte einen Impuls von außen, im Film dargestellt durch einen quaderförmigen, glatten Drei-Meter-Monolithen – ein Symbol für eine außerirdische Intelligenz. Diesen Quader sehen wir insgesamt vier Mal, eine treffende Metapher für eine andauernde Verbindung, die zumindest eine der beiden Parteien auf ein höheres Level hebt.

Je komplexer die Weltwirtschaft vernetzt ist, desto seltener wird die geniale Idee eines Einzelnen ausreichen, um daraus nachhaltig Erträge zu erwirtschaften.

Deshalb entstehen auch Innovationen heute immer öfter aus Netzwerken unabhängiger Partner heraus. Diese Kooperationen sind nicht nur der sich beschleunigenden Schlagzahl der Innovationsschritte geschuldet. Auf sich allein gestellt sind einzelne Akteure heute auch kaum noch in der Lage, hoch komplexe oder gar disruptive Innovationen zur Marktreife zu führen. Erst recht nicht, wenn sie dazu über den Tellerrand ihres eigenen Kerngeschäfts hinausblicken müssen.

Um diese Herausforderungen zu meistern, brauchen Unternehmen einen Innovationsbooster. Sie müssen sich in einem *Business Ecosystem* untereinander vernetzen. Im Folgenden bevorzuge ich den eingedeutschten Terminus Business-Ökosysteme, um ihn von den Habitaten und ihren Bewohnern in der Natur abzugrenzen. Biologen sprechen dort wegen der im Gleichgewicht befindlichen Wechselwirkung zwischen den Organismen und der unbelebten Umwelt von einem ökologischen *System*. Wir finden solche Ökosysteme ebenso im Bodensee wie auf abgeschiedenen Inseln im Pazifik, in den Unterwasserhöhlen Dos Ojos in Mexiko oder in anderen isolierten Lebensräumen.

Wollen Unternehmen Innovationen schaffen, die sie alleine nicht auf die Beine stellen können, bieten hierfür Business-Ökosysteme eine Lösung.

Nicht von ungefähr hat man den Begriff des Ökosystems auf die Wirtschaft übertragen. Wie Sie auf den folgenden Seiten erfahren werden, ist ein Business-Ökosystem kein Standardrezept für den Erfolg von Innovationen. Grob gesagt geht es darum, unter der Federführung eines Einzelnen gemeinsam eine Innovation zu schaffen, die ein Unternehmen allein nicht auf die Beine stellen und erfolgreich vermarkten kann. Diese Beschreibung eignet sich jedoch nicht als allgemeingültige Definition, weil sie auch auf andere Formen wirtschaftlicher Kooperationen zutrifft oder wichtige Aspekte spezieller Ökosystemformen außer Acht lässt.

Es gibt sehr unterschiedliche Konzepte, die alle unter dem Begriff »Ökosystem« firmieren. Sein inflationärer Gebrauch führt regelmäßig zu Verwirrung und zu übersteigerten Erwartungen. Manche bezeichnen »orchestrierte Netzwerke« gar als den nächsten Evolutionsschritt in der Marktwirtschaft. Höchste Zeit, mehr Klarheit ins Thema zu bringen. Lassen Sie uns tiefer eintauchen in den Kosmos der Business-Ökosysteme.

1 Konzepte

Der Begriff »Ökosystem« verbreitet sich in einschlägigen Medien in pandemischem Ausmaß. Jeder spricht davon, aber nur wenige wissen genau, was er bedeutet. Schlimmer noch: Wenn Experten der verschiedenen Schulen sich untereinander austauschen, verstehen sie oft nicht, was der andere meint. Das Durcheinander ist insofern problematisch, als es bezüglich der Ökosysteme verzerrte Vorstellungen begünstigt, die sich kaum in die Praxis umsetzen lassen.

Um erfolgreiche Business-Ökosysteme aufzubauen und sich mit anderen darüber auszutauschen, benötigen wir ein klares Verständnis für ihre Chancen und Grenzen.

In der freien Wildbahn der Wirtschaft begegnen wir fünf verschiedenen Konzepten, die man oft als »Ökosystem« bezeichnet, obwohl sie völlig unterschiedlich sind. In mindestens drei Fällen hat man einfach nur ein Buzzword, einen Modebegriff, gewählt, um alten Wein in neue Schläuche zu füllen. Bringen wir deshalb etwas Ordnung in den Begriffswirrwarr, um die Spreu vom Weizen zu trennen.

1.1 Alter Wein in neuen Schläuchen

1.1.1 Produktökosysteme: Mogelpackung

Marketingtexte, pseudowissenschaftliche Blogs und andere Medien sprechen oft vollmundig von Ökosystemen, obwohl sie nur ein Produktportfolio meinen. Ein prominentes Beispiel hierfür ist das sogenannte »Apple-Ökosystem«. Die Erfinder des Macs und des iPhones bieten ihren Kunden eine clever aufeinander abgestimmte Produktpalette – alles spielt perfekt zusammen.

Bei genauerer Betrachtung handelt es sich also um eine durchdachte Marketing- und Produktphilosophie und im wirtschaftswissenschaftlichen Sinn nicht um ein Ökosystem. Aber dieses Buzzword klingt einfach hipp. Mag sein, dass einige Apple-Produkte »eine Delle ins Universum geschlagen haben«, wie Steve Jobs einmal sagte. Ein wichtiger Innovationsmotor war dabei die nahtlose Zusammenarbeit mit anderen Produkten. Aber das macht dies noch lange nicht zu einem Ökosystem, sondern zu einem klassischen Ansatz des Produktportfolio-Managements.

Aus Sicht des aktuellen Forschungsstands sind aufeinander abgestimmte Produkte konzeptionell nichts Neues. Es handelt sich hierbei nicht um Business-Ökosysteme.

Zweifellos können sie als Sprungbrett für Innovationen und zur Kundenbindung nützlich sein. Das macht sie aber nicht zu Business-Ökosystemen, die Unternehmen bisher unbekannte Wege erschließen. Wie modisch die Namen auch sein mögen, die das Marketing und die Medien ihnen geben, sie bleiben, was sie schon immer waren: Produktfamilien.

1.1.2 Industrieökosysteme: kalter Kaffee?

In dem Begriff »Industrieökosystem« finden wir eine weitere, sogar in der Forschung gebräuchliche Verkörperung unseres Buzzwords. Das »Start-up-Ökosystem im Silicon Valley« etwa bezieht sich auf alle Organisationen, die in dieser Region die Welt der Firmengründungen prägen. Andere sprechen auf Neudeutsch vom »Health Ecosystem in Deutschland« und meinen schlicht die Akteure im Gesundheitswesen.

Wohlwissend um die magische Anziehungskraft des Modebegriffs verkaufen Unternehmensberatungen gerne »Ökosystemanalysen« oder »Ökosystem-Mappings«. Als Ergebnis liefern sie dann Antworten auf Fragen wie: In welche Branche sollte meine Firma einsteigen? Ist es besser, den Markteintritt über eigene Aktivitäten oder Partnerschaften voranzutreiben? Wer wären denn geeignete Partner für mich?

Diese Themen haben nichts mit Business-Ökosystemen zu tun. Noch vor ein paar Jahren sprachen die Berater von Branchenanalysen. Solche sind ohne Zweifel wichtig und wertvoll, nicht jedoch ihre Umetikettierung zum Ökosystem. Hiermit serviert man den Kunden keine Innovation, sondern nur kalten Kaffee aus der Thermoskanne.

Branchenanalysen sind keine Ökosysteme.

1.1.3 Wissensökosysteme: Erfahrungsnetzwerke

Aufgewärmter Kohl ist auch die dritte Inkarnation unseres Buzzwords: das Knowledge- oder Wissensökosystem. Hier geht es um den regen Austausch von Wissen zwischen verschiedenen Organisationen oder Individuen. Schon in der Antike trafen sich Menschen auf dem *Forum Romanum* oder auf der *Agora* in Athen, um Wissen auszutauschen und über philosophische Fragen zu diskutieren. Heute kennen wir Industriecluster, Branchenverbände, Co-Working-Spaces, Innovationszentren und Ähnliches. Zweifellos sind es nützliche Konzepte – aber keine *neuen* Business-Ökosysteme.

Früher wäre einfach von Netzwerken oder auf Neudeutsch »Communities« die Rede gewesen, heute spricht man großspurig von einem »lebendigen globalen Ecosystem«. Oder man bezeichnet eine gemeinsam genutzte Büroinfrastruktur als »NewWork Ecosystem«. Ansonsten geschieht in dieser hippen Arbeitsumgebung kaum etwas anderes als in der Gruppe von Steinzeitmenschen, die sich um ein Feuer geschart haben, um die neuesten Erkenntnisse zur Herstellung von Faustkeilen zu teilen.

Auch Netzwerke sind keine Ökosysteme.

Die Modebegriffe, die ich Ihnen nun vorgestellt habe, können Sie gleich wieder vergessen. Buzzwords nützen Ihnen nichts beim Entwickeln und Vermarkten innovativer Produkte, für die der Kunde sein Geld freiwillig herausrückt, weil er sich von ihnen einen Nutzen verspricht. Von nun an fokussieren wir uns auf die beiden Arten von Business-Ökosystemen, die wirtschaftshistorisch neuere Konzepte von betriebswirtschaftlicher Relevanz sind: das Plattform- sowie das Innovationsökosystem.

1.2 Fortschrittliche Konzepte mit betriebswirtschaftlicher Relevanz

1.2.1 Plattformökosysteme: Wachstum pur

Das Plattformökosystem ist ein Kind der New Economy, dessen frühe Vertreter zu Beginn des neuen Millenniums, also in den ersten Boomjahren des Internets, auf den Markt drängten. So neu, wie viele sogenannte Experten uns dies gern verkaufen wollen, sind sie also nicht. Wir erleben heute bei Plattformökosystemen nur einen inflationären Zuwachs, der uns glauben lässt, sie seien das Nonplusultra für wirtschaftlichen Erfolg.

Im Gegensatz zu alten Ansätzen mit neuen Namen sind Plattform- und Innovationsökosysteme echte, fortschrittliche Konzepte mit betriebswirtschaftlicher Relevanz.

Prominente Vertreter dieses Konzepts sind der Apple iTunes Store (und hier haben wir dann doch noch ein »Apple Ecosystem«), eBay, Amazon, Facebook oder WhatsApp – allesamt digitale Marktplätze, auch Transaktionsplattformen genannt, auf denen sich Angebot und Nachfrage treffen. Die zugrunde liegende Idee ist die eines quantitativen **Netzwerkeffekts**, wie er sich schön am Beispiel von Amazon zeigt: Je mehr Händler auf Amazon anbieten, desto besser ist das Angebot und desto interessanter ist es für die Käufer. Je spannender die Plattform wiederum für potenzielle Kunden ist, umso mehr Personen nutzen den Marktplatz. Das macht ihn dann wieder attraktiver für die Verkäufer, da sie mehr Umsatz erzielen können. Dieser Netzwerkeffekt ist eine Wirkungskette aus Angebot und Nachfrage, die sich gegenseitig hochschaukeln.

Der für Plattformökosysteme typische Netzwerkeffekt ist eine selbstverstärkende Wirkungskette zwischen Angebot und Nachfrage, die zu einer marktbeherrschenden Dominanz führen kann.

Plattformökosysteme benötigen eine kritische Masse auf beiden Seiten der Plattform, damit der Netzwerkeffekt zu einer Kettenreaktion führt. Sobald diese Kausalkette in Gang kommt, lässt sie die Plattform über ihre selbstskalierende Wirkung stark wachsen. Dies führt oft zu einer The-winner-takes-it-all-Logik, einer marktbeherrschenden Dominanz. Diese zeigt sich deutlich beim maßgeblichen Onlinemarktplatz Amazon oder bei WhatsApp als bevorzugtes Kommunikationsmittel.

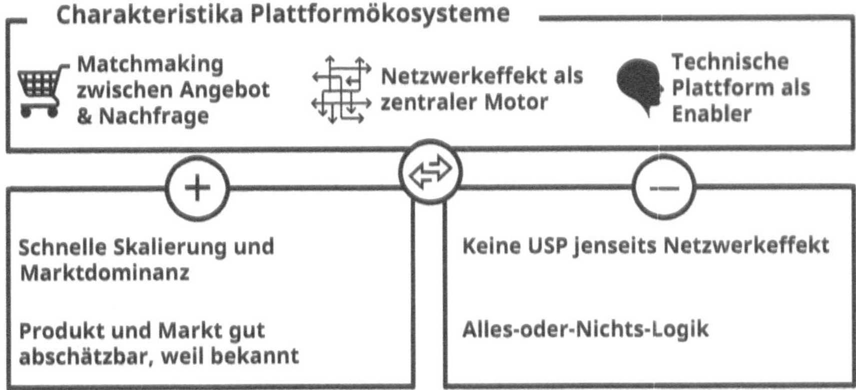

Bild 1.1 Definition Plattformökosysteme

Solche Größe ist auch nötig, denn der Kernnutzen eines Plattformökosystems ist die Zusammenfassung des Angebots für einen Markt oder ein Marktsegment auf einem einzigen Marktplatz. Wenn Kunden davon ausgehen können, auf der Plattform nahezu das gesamte relevante Angebot oder zumindest eine sehr große und sinnvoll sortierte Auswahl zu finden, werden sie gar nicht erst woanders suchen. Sie wissen: Bei Amazon oder auf eBay spare ich mir stundenlange Recherche; da komme ich viel schneller und kostengünstiger ans Ziel.

Wie wir sehen, wird ein Plattformökosystem von einer quantitativen Logik bestimmt: Skalierung und Wachstum auf die kritische Masse und von dort zum dominanten Marktplatz sind die existenziellen Paradigmen (Bild 1.1). Der Wert eines Plattformökosystems misst sich nicht daran, ob der Kunde die hier feilgebotenen Produkte kaufen wird. Natürlich wird er dies. Schließlich weiß er, wonach er sucht, und hier findet er es mit geringem Aufwand.

Die Kernfrage bei einem Plattformökosystem ist: Wird es die kritische Masse für den selbstverstärkenden Netzwerkeffekt erreichen und sich zu einem dominierenden Marktplatz entwickeln?

Die Kernfrage bei der Planung und beim Aufbau eines Plattformökosystems ist vielmehr, ob es die kritische Masse erreichen und sich im gewählten Marktsegment zu einer dominierenden Stellung aufschwingen kann. Oft höre ich die Fragen, welche Anzahl von Nutzern für diese kritische Masse nötig ist und ob es in einem Markt(-segment) nur eine oder mehrere dominante Transaktionsplattformen geben kann. Die Antwort ist: Es kommt darauf an.

Betreiber von Kommunikationsplattformen wie WhatsApp werden vor Glück kaum an die Decke springen, wenn sie 100 Nutzer auf ihrer Plattform versammeln. Wer in einem großen Markt für eine Tätigkeit des täglichen Lebens eine innovative Alternative anbietet, muss einen relevanten Anteil der Bevölkerung für sich gewinnen. Die kritische Masse wird hier mindestens mehrere Tausend, eher aber viele Hunderttausend Nutzer umfassen. Neben einer solchen User-Basis ist sicher genug Platz für ein weiteres Plattformökosystem.

Im schweizerischen Immobilienmarkt etwa gibt es mit Homegate und ImmoScout24 zwei große, weitgehend gleichwertige Akteure mit ähnlichem Leistungsangebot. In Deutschland ist Immo Scout24 der Platzhirsch, hat mit immowelt.de aber einen starken Konkurrenten. Auf dem bundesdeutschen Immobilienmarkt wechseln jährlich Hunderte Milliarden Euro an Immobilienvermögen den Besitzer, ein ziemlich großer Kuchen, von dem sich noch weitere Mitbewerber ein Stück abschneiden können.

Anders ist es, wenn ein Angebot nur eine kleine Zielgruppe adressiert. So dürfte die kritische Masse bei einer Plattform zur Vernetzung von weltweit maximal 100 hoch spezialisierten Pharmaforschern bei wenigen Dutzend liegen. Hier eine zweite Plattform etablieren zu wollen, ist kaum sinnvoll.

In der Praxis stellt sich daher immer die Frage: Wie viele Akteure sind nötig, damit das Plattformökosystem seinen Kernnutzen nachhaltig erfüllen kann?

Die Value Proposition (umgangssprachlich Wertangebot, Wertversprechen, Leistungs- oder Nutzenversprechen) besteht bei einem Plattformökosystem aus Kundensicht in der Auswahl des möglichst besten Angebots mit minimalen Suchkosten.

Und dies ist auch der Unterschied zum Innovationsökosystem, dem zweiten echten Ökosystemkonzept.

1.2.2 Innovationsökosysteme: Synergiebooster

»Ob Biken, Laufen oder Skifahren, jede Aktivität stellt andere Herausforderungen an eine Sohle«, erklärt mir Reto Rindlisbacher. Wie viele erfolgreiche Unternehmer ist der studierte Marketingexperte aus Horw im Kanton Luzern eher ein Visionär als ein Ingenieur. Er sieht neue Lösungen, wo es noch keine gibt, besitzt aber selbst nicht das komplette Know-how, seine Innovationen zur Marktreife zu entwickeln.

Reto hat an der Uni St. Gallen studiert, lange bevor ich dort die Leitung des Helvetia Innovation Labs übernommen hatte. Er sagt mir, ein Golfer von fünfzig Kilo gebrauche seine Füße ganz anders als ein Jogger, der achtzig Kilogramm auf die Waage bringt. Sowohl die persönlichen Körperdaten von Sportlern wie auch die Art und Intensität ihrer Aktivitäten sind als Parameter mit zu berücksichtigen, um eine maßgefertigte Sohle herzustellen. Beim Inlay eines Skischuhs ist die Sache noch einmal komplexer, erklärt Reto, weil es den Fuß vollständig umschließt. »Spätestens nach einem ganzen Tag auf der Piste merkt man entweder Druckstellen oder der Fuß rutscht im Schuh – beides ist schlecht.«

Das alles erzählt er mir, weil mich interessiert, wie er aus seiner Vision eine Innovation gemacht hat, die heute jeder kaufen kann: per 3D-Druck für jeden Kundenfuß individuell hergestellte Sohlen für Sportschuhe und Inlays für Skischuhe. Das hat er geschafft, obwohl er weder Schuhmacher noch Orthopädieexperte ist.

Dafür hat Reto im Marketing der Wintersportausrüster Völkl und Nordica gelernt, was Skifahrer wollen: einen maßgeschneiderten Skischuh, der wie angegossen am Fuß sitzt und trotzdem erschwinglich ist. Damit hatte Reto einen Kundennutzen gefunden, der viele Sportler begeistern würde. Jetzt musste er daraus nur noch ein Produkt machen, das man auch kaufen kann. »Mit den richtigen Partnern könnte mir das gelingen«, überlegte sich Reto. Und so gründete er 2016 die Firma Tailored-Fits.

Lange bevor er sein Start-up aus der Taufe hob, hatte er sich schon für den 3D-Druck begeistert. In dieser neuen Drucktechnik sah er die Chance, kostengünstig maßgeschneiderte Innenschuhe als Einzelanfertigungen herzustellen. Sohlen und Inlays zu fertigen, klingt zunächst nicht sonderlich komplex. Geht man aber ins Detail, sind für deren Entwicklung und Vermarktung jedoch viele Herausforderungen zu stemmen, mit denen Reto allein schnell überfordert wäre. Deshalb zerlegte er die Gesamtaufgabe in Einzelmodule und suchte sich dafür geeignete Partner.

Schon die Software für das schnelle, kontaktlose Scannen des Kundenfußes, die Analyse der Messwerte und die automatische Umwandlung in 3D-Druckdaten erforderte einigen Entwicklungsaufwand. Ähnlich war es bei der Auswahl der Materialien. 3D-Drucker arbeiten gewöhnlich mit festen Werkstoffen. Für eine bequeme Sohle braucht man jedoch einen weichen Kunststoff. Über zwei Jahre hinweg war viel Tüftelei nötig, bis die belgische Firma Materialise unter Retos Federführung dafür das geeignete Druckverfahren mit thermoplastischem Polyurethan entwickelt hatte.

Und das sind nur zwei der Module der Gesamtlösung von Tailored-Fits. Die vollständige Automatisierung des Bestell-, Produktions- und Lieferprozesses wäre ohne eine enge Zusammenarbeit aller beteiligten Partner nicht möglich gewesen. Dabei ist Reto in seiner Rolle als Stratege und Koordinator (Orchestrator) stets Dreh- und Angelpunkt der Entwicklung geblieben. Am Ende war die fertige Lösung so außergewöhnlich, dass mit SCOTT Sports aus dem schweizerischen Givisiez ein großer Sportartikelhersteller das Start-up kaufte und als eigene Marke in sein Unternehmen integrierte.

Die Erfolgsgeschichte von Tailored-Fits ist ein Musterbeispiel für ein Innovationsökosystem. Der Name ist Programm: Der Zweck eines solchen Netzwerks besteht darin, eine Innovation zu schaffen, die ein Unternehmen allein nicht stemmen könnte. Es ist schon beeindruckend, wie es die Zwei-Personen-Firma von Reto Rindlisbacher aus einer Vierzimmerwohnung heraus geschafft hat, in knapp über einem Jahr mit wenigen Hunderttausend Schweizer Franken Startkapital eine der ersten 3D-gedruckten Einlegesohlen für Laufschuhe auf den Markt zu bringen.

Was auf den ersten Blick wie ein einfaches Produkt aussieht, ist in Wirklichkeit der heilige Gral der Sportindustrie: Führende Unternehmen wie Adidas hatten sich bereits daran abgearbeitet, mit etwa dem Zehnfachen an Arbeitskräften und finanziellen Investitionen sowie mit ungefähr dem Mehrfachen an Zeit. Warum mussten die Goliaths der Branche sich ausgerechnet von einem David wie Reto Rindlisbacher in ihre Schranken weisen lassen?

Weil die Riesen der Sportbranche einen anderen Ansatz verfolgten. Sie hatten alles im eigenen Haus zu realisieren versucht, um über das spätere Entwicklungsergebnis maximale Kontrolle auszuüben. Im Gegensatz dazu nutzte Tailored-Fits ein Innovationsökosystem, um sein Produkt auf den Markt zu bringen. Das Start-up schuf die zur Verwirklichung seiner Innovation nötigen Module nicht selbst, sondern mithilfe von Partnern.

Neben den bereits erwähnten Mitspielern hatte Reto eine führende Sportartikelkette mit einem dichten Netz von Geschäften mit ins Boot geholt. Das zur Entwicklung der Sohle nötige Verständnis für Biomechanik stammte von einer Sportklinik. Tailored-

Fits fungierte lediglich als Koordinator dieser verteilten Wertschöpfung – in der Innovationswissenschaft sprechen wir von einem *Orchestrator*. Die Tailored-Fits-Story zeigt anschaulich die drei Schlüsselelemente eines jeden Innovationsökosystems:

- Ein Innovationsökosystem zielt immer auf eine **gemeinsame Value Proposition** für den Kunden ab, also auf ein Wertangebot oder Nutzenversprechen (hier die 3D-gedruckte Sohle). Der Kunde kann sowohl eine Firma (B2B) als auch ein Endkonsument (B2C) sein.
- Das Nutzenversprechen besteht aus **sich ergänzenden** (komplementären) Modulen, die von Partnern bereitgestellt werden (3D-Drucker, Geschäfte, Scanning-Lösung usw.).
- Die Partner werden vom Orchestrator (hier: Tailored-Fits) auf das gemeinsame Nutzenversprechen ausgerichtet und koordiniert.

Wie wir sehen, steht ganz am Anfang das Nutzenversprechen, das wir dem Kunden mit dem Produkt oder der Dienstleistung aus unserem Ökosystem geben. In der Forschung sprechen wir von einer *Value Proposition*, also einem »Wertangebot«. Es wäre völlig sinnlos, eine Innovation auf den Markt zu werfen, die den Käufern keinerlei Nutzen anbietet.

Dieser Mehrwert liegt nicht nur in dem Produkt oder der Dienstleistung selbst, sondern auch in allen positiven Aspekten, die der Kunde mit dem Angebot verbindet: das Gefühl der Zugehörigkeit zu einer Community, der Geruch beim Öffnen der Verpackung, die bemerkenswerte Freundlichkeit des Servicepersonals und vieles mehr. Somit können Module nicht nur physisch sein, sondern auch immateriell: Wissen, Reputation, Service.

In einem Innovationsökosystem steuern wie erwähnt mehrere Partner eigene Module bei, die erst in ihrer Gesamtheit die Value Proposition erfüllen. Deshalb bezeichnen wir diese Innovationsmodule in den Wirtschaftswissenschaften als *komplementär*. Ein schickes Kleid etwa und sorgfältig dazu ausgesuchte Accessoires sind nicht komplementär. Die Dame von Welt kann zu dem kleinen Schwarzen eine Kette tragen, Ohrringe, eine Uhr, ein Armband oder eine Kombination daraus. Das Kleid erfüllt seinen Zweck, den eleganten Auftritt, mit verschiedensten Accessoires. Oder sogar ohne sie. Es ist zu dem schmückenden Beiwerk nicht komplementär. Ein Auto hingegen kann den besten Motor haben, ohne Räder wird es nicht fahren. Motor und Räder sind daher komplementär. Sie schaffen den erwünschten Nutzen nur, wenn sie gemeinsam eingesetzt werden.

Das dritte Schlüsselelement in einem Innovationsökosystem ist der *Orchestrator*. Damit die einzelnen Modullieferanten kein Chaos produzieren, muss ihre Zusammenarbeit koordiniert werden, genau wie die »Musiklieferanten« (Instrumentalisten) in einem richtigen Orchester. Die Berliner Philharmoniker oder andere Ensemble von Weltruhm spielen auch nur deshalb so perfekt zusammen, weil ein Dirigent sie in mühsamer Probenarbeit zu einem homogenen Klangkörper zusammenschweißt. Das Gleiche geschieht in einem Innovationsökosystem.

Ein Innovationsökosystem erschließt den Beteiligten neuartige Möglichkeiten zu wachsen und sich zu differenzieren, ohne übermäßig in den Aufbau eigener Ressourcen oder Kompetenzen zu investieren.

Dessen entscheidende Vorteile ergeben sich aus dem möglichst perfekten Zusammenspiel aller drei Schlüsselelemente: dem Nutzenversprechen, den Innovationsmodulen und dem Orchestrator. Erst ihre harmonische Verbindung ermöglicht Unternehmen den Einstieg in neuartige Geschäftsfelder, die sie aufgrund mangelnder Ressourcen oder Kenntnisse allein nicht angehen könnten. Damit erschließt so ein Innovationsökosystem den Beteiligten neuartige Möglichkeiten zu wachsen und sich zu differenzieren, ohne gleichzeitig übermäßig in den Aufbau von Inhouse-Ressourcen oder -Kompetenzen zu investieren.

Um auf das Beispiel von Tailored-Fits zurückzukommen: Ein Innovationsökosystem ermöglichte es einem kleinen schweizerischen Start-up, in einer Produktsparte mit den Global Players der Sportartikelbranche zu konkurrieren – mit einem Bruchteil von finanziellen Investitionen, Arbeitskraft und Zeit.

Allerdings ist nicht alles, was diese drei Elemente enthält, ein Innovationsökosystem. Auch in einer traditionellen Lieferkette mag es neben dem Nutzenversprechen und den Komponentenlieferanten einen Koordinator geben. Trotzdem ist so ein Supply-Chain-Konstrukt mit Aufgabenverteilung noch kein Innovationsökosystem. Dies gilt ebenso für andere traditionelle Formen der Wertschöpfung. Worin unterscheidet sich das neue Konzept von klassischen Kooperationen?

Ein Innovationsökosystem liegt vor, wenn zu den drei Schlüsselelementen (Nutzenversprechen, Innovationsmodule und Orchestrator) ein zusätzlicher Aspekt hinzukommt: Abhängigkeit. Sie entsteht, wenn die Partner die einzelnen, für die Value Proposition erforderlichen Module entweder mit erheblichen Investitionen entwickeln oder mit einem gewissen Aufwand aufeinander anpassen müssen.

In einer klassischen Lieferkette lassen sich die meisten Lieferanten relativ leicht ersetzen. Sie sind nicht nennenswert abhängig voneinander. Es existieren Verträge, bei denen jeder Zulieferer die Lieferung des eigenen Moduls garantiert. Bei Nichterfüllung droht Vertragsstrafe und Ersatz durch einen anderen Zulieferer. Bei Schlüsselmodulen wird sogar ein »Multisourcing« betrieben – mehrere Firmen liefern die gleiche Komponente. Das reduziert die Lieferrisiken und Abhängigkeiten des OEM (Original Equipment Manufacturer) von einzelnen Zulieferern noch mehr. Diese lassen sich auf diese Situation ein, da sie einerseits um ihre Ersetzbarkeit wissen – wenn Pirelli den Standardreifen nicht liefert, dann macht es eben Michelin. Oder Goodyear. Oder Continental. Das Auto wird in jedem Fall fahren und der Kunde merkt vermutlich keinen Unterschied. Andererseits können die Zulieferer ihr Modul allein entwickeln, ohne große Abstimmungen mit den anderen Partnern und ohne großes Innovationsrisiko. Sie können dadurch die Lieferung vertraglich garantieren.

Was passiert aber, wenn mehrere Zulieferer komplementäre Module für eine gemeinsame Value Proposition entwickeln müssen und dabei ein erhebliches Innovationsrisiko haben? Sie also jeweils nicht garantieren können, dass sie auch wirklich ihr Modul wie gewünscht entwickeln können? Und diese Entwicklung in enger Abstimmung mit anderen Firmen stattfindet, da Module aufeinander ausgerichtet werden müssen?

Unter diesen Bedingungen wird sich kaum ein Partner auf harte Verträge mit entsprechenden Konventionalstrafen einlassen. Das Erfüllen der eigenen Ziele ist abhängig von der Kooperationswilligkeit der anderen Partner. Und wenn ein Partner nicht liefern kann oder will, kommt aufgrund der Komplementarität die gemeinsame Value Proposition nicht zustande – und damit auch kein Ertrag aus der Innovation. Jeder Partner geht also ein wirtschaftliches Risiko ein, um das Nutzenversprechen *zusammen mit den anderen* zu erfüllen, ähnlich wie in einem Sinfonieorchester: Am Ende kommt nur ein Wohlklang heraus, wenn *alle* ihren Part makellos spielen. Ebenso verhält es sich im Innovationsökosystem.

Das gemeinsame Wertversprechen in einem Innovationsökosystem gelingt nur, wenn *alle* ihre Module erfolgreich entwickeln und/oder bereitstellen. Versagt einer, scheitert das Ökosystem als Ganzes.

Diese enge Verzahnung hat zwei Auswirkungen: Erstens sind alle Partner in hohem Maß voneinander abhängig. Und zweitens müssten sowohl der Orchestrator wie auch sämtliche Partner viel Zeit, Kraft und auch Geld für die Koordinierung aufwenden.

Das sieht man schön in unserem Tailored-Fits-Beispiel. Materialise hatte zwar schon viel Erfahrung mit 3D-Druck, aber eben nicht im Kontext von Sportschuhen und den dafür nötigen Materialien. Auch für sie war es somit Neuland. Zusätzlich konnten sie ihr Modul nicht alleine entwickeln: Sie benötigten dazu die Zusammenarbeit mit Reto, aber auch mit den Anbietern der Scanning-Lösung oder den Biomechanikern. Und auch Letztere kannten sich zwar logischerweise mit Biomechanik aus, aber von 3D-Druck hatten sie dennoch wenig Ahnung. Sie wussten zu Beginn nicht, wie man eine solche Sohle ergonomisch sinnvoll gestalten müsste.

Aber wir müssen bei der Frage, wie sinnhaft oder nötig ein Innovationsökosystem ist, von einem Spektrum ausgehen: Die Lieferkette von Automobilherstellern umfasst hauptsächlich Standardkomponenten wie Reifen, Felgen etc. Hier ist keine kostenintensive Anpassung oder Entwicklung nötig, Partner lassen sich deshalb auch beliebig austauschen. Wir haben es also mit einer Wertschöpfungskette zu tun, nicht jedoch mit einem Ökosystem.

Beim Bau eines Hauses werden »Module« wie die Bodenplatte, Wände oder das Badezimmer zu 100 % speziell für das Projekt erstellt. Und die einzelnen Gewerke müssen eng zusammenarbeiten, damit erst die Badezimmerwand steht und danach das Waschbecken installiert wird. Warum würden wir hier trotzdem nicht von einem Innovationsökosystem sprechen?

Weil wir es mit Standardprozessen zu tun haben und es für die Akteure bei der Erstellung kein nennenswertes Risiko gibt. Ein fauler Maurer lässt sich jederzeit austauschen, denn sein Nachfolger wird die gleichen Steine genauso fachmännisch verlegen. Und dem Bauleiter gelingt mit dem Neuen die Koordination der Gewerke mindestens ebenso gut, wenn nicht sogar besser. Trotz Abstimmung haben wir somit keine großen Abhängigkeiten.

Kehren wir aber noch einmal zu den Autobauern zurück. Als ein paar Nobelschmieden die ersten Serienfahrzeuge vom Kaliber eines Bugatti Veyron bauten, der Tempo 400 erreichen kann, waren die Reifen und Bremsen kritische Komponenten. Für die extremen Geschwindigkeiten und Belastungen gab es keine »Standardware«. Die Teile mussten erst entwickelt werden. Nehmen wir an, wir würden das erste Auto dieser Art bauen und es gäbe dafür weder Reifen noch Bremsen. Dann käme der Supersportwagen nie auf die Straße, wenn der Reifenhersteller keinen V400-Reifen entwickeln kann. Es würde nie ein Bolide vom Band rollen, falls der Bremsenentwickler plötzlich aufgibt und kein anderer für ihn einspringen will.

Ein einziger Modullieferant würde die rollende Rakete also scheitern lassen, auch wenn die übrigen Firmen ihre Aufgabe mit Bravour lösen. Mit anderen Worten: Wir hätten komplementäre, kaum austauschbare Komponenten. Daraus ergäbe sich eine starke Abhängigkeit zwischen den Partnern und wir bräuchten die Logik eines Innovationsökosystems, um den Karren ins Rollen zu bringen. Allerdings nur für die Partner, die die kritischen Module liefern. Die Produzenten der Standardmodule für unseren Boliden könnten immer noch mit den traditionellen Ansätzen des Lieferkettenmanagements behandelt werden. Schließlich sind sie austauschbar und unser Einkauf kann mit ihnen einen harten Lieferantenvertrag abschließen. Unser Gedankenexperiment zeigt:

Innovationsökosysteme sind kein Schwarz-Weiß-Konzept. Es gibt Situationen, die mit klassischen Managementansätzen hinreichend verstanden und gesteuert werden können. Bei anderen Rahmenbedingungen kommt man um ein Innovationsökosystem nicht herum. Manche Konstellationen liegen irgendwo dazwischen.

Der Übergang ist fließend. Es gibt aber nicht nur einen fließenden Übergang bei der Frage, ob wir überhaupt ein Innovationsökosystem benötigen, um die gemeinsame Value Proposition zu erschaffen. Selbst wenn eines vorliegt, sind nicht zwingend alle Partner, die Module für die gemeinsame Value Proposition einbringen, wirklich Ökosystempartner. Abhängig vom nötigen Ausmaß der wechselseitigen Anpassung und vom Entwicklungsrisiko ihres Moduls sind sie eben »nur« Zulieferer – die man dann auch mit klassischen Ansätzen des Lieferkettenmanagements steuern kann.

In einem Innovationsökosystem erkaufen sich alle Beteiligten die zu erwartenden Erträge durch erhebliche Koordinationsaufwände und Risiken infolge externer Abhängigkeiten.

Wir können daher sagen: Je höher der spezifische Anpassungs- oder Entwicklungsaufwand für ein komplementäres Modul ist und je mehr ein Partner dafür mit den anderen Firmen zusammenarbeiten muss (in der Wissenschaft sprechen wir von der »Co-Spezialisation«), desto höher sind die Abhängigkeit und das Risiko. Und desto mehr brauchen wir den Ansatz eines Innovationsökosystems. Können wir hingegen als Orchestrator alle nötigen Module einkaufen oder können die Partner uns die Entwicklung des jeweiligen Moduls garantieren, liegt eher eine klassische Wertschöpfungskette vor, mit entsprechend weniger Abhängigkeiten und Koordinationsaufwand. Aber vermutlich auch mit weniger Innovationsgrad der Gesamtlösung. Je höher jedoch das Ausmaß der Co-Spezialisation, je mehr also die Partner zusammenarbeiten und ihre Module aufeinander anpassen müssen, desto mehr Abhängigkeiten und Koordinationsaufwand entstehen. Und desto mehr rutschen wir in die Welt des Innovationsökosystems hinein. Aus dieser Abhängigkeit ergibt sich ein weiterer Aspekt:

Innovationsökosysteme sind eine Mischform aus einer hierarchischen Organisation und einem freien Miteinander unabhängiger Marktteilnehmer.

Worin zeigt sich dies? Vor allem in den Aufgaben des Orchestrators. Einerseits gleichen sie denen eines Projektleiters für das gemeinsame Vorhaben. Er nimmt somit eine gewisse Führungsrolle ein. Andererseits ist er stark von den Partnern abhängig und diese wiederum voneinander.

Bei Tailored-Fits etwa tragen einige Teammitglieder Module bei, die für das gemeinsame Nutzenversprechen zwar nötig sind, aber kaum der Anpassung bedürfen. Dazu gehören die Materialien für den 3D-Druck oder die Softwareinfrastruktur zur Abstimmung zwischen den Partnern. Die Zulieferer der Standardkomponenten sind per Definition keine Ökosystempartner. Es handelt sich um normale Lieferanten, auf die das klassische Management von Wertschöpfungsketten anzuwenden ist. Hier haben wir somit eine klare Hierarchie: Liefert die Firma nicht, bekommt sie Besuch von unserem Rechtsanwalt, der auf die vertraglich fixierte Lieferung pocht.

Auf der anderen Seite gibt es echte Innovationsökosystempartner. Bei Tailored-Fits gehören dazu die Experten für Biomechanik, die sich eng mit den anderen Partnern abstimmen müssen, woraus starke Abhängigkeiten und ein großer Koordinationsaufwand entstehen. Hier müssen wir auf Augenhöhe zusammenarbeiten, der Rechtsanwalt ist nicht gefragt.

Irgendwo dazwischen liegen Akteure wie die Sportgeschäfte. Einerseits können sie tun, was sie schon immer getan haben: Sie beraten Kunden und verkaufen Einlegesohlen für Sportschuhe. Sie sind auch ersetzbar durch andere Fachgeschäftsketten. Andererseits sollten diese Vertriebspartner gut geschult sein, um den potenziellen Käufern ein perfektes Einkaufserlebnis zu bieten. Sie müssen sich mit den Besonderheiten von 3D-gedruckten Sohlen ebenso auskennen wie mit dem Scanprozess. Außerdem sollten die Abstimmungen mit den anderen Partnern reibungslos funktionieren.

Ob ein Innovationsökosystem vorliegt oder nicht, ist somit keine akademische Frage. Vielmehr geht es darum zu wissen, welche Sichtweisen und Werkzeuge ich verwenden muss. Brauche ich Verständnis für Ökosysteme? Und muss ich mir einen teuren Berater einkaufen? Oder lässt sich die Situation mit den altbewährten Ansätzen managen? Naturgemäß haben viele Unternehmensberater kein Interesse an dieser Differenzierung. Wenn alles ein Ökosystem ist, dann lassen sich auch mehr Ökosystemprojekte verkaufen. Auch wenn man nur das macht, was man schon hundert anderen Kunden unter anderem Namen verkauft hat.

Bild 1.2 fasst zusammen, was ein Innovationsökosystem ausmacht.

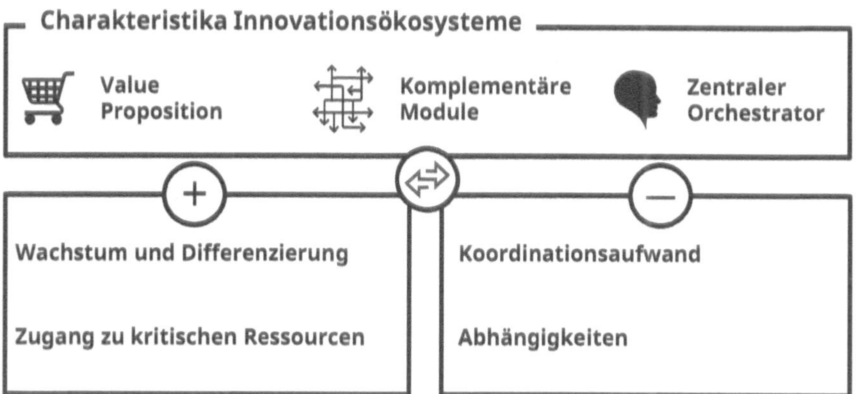

Bild 1.2 Charakteristika Innovationsökosysteme

Wie wir also gesehen haben, gibt es abseits der Buzzwords, die nur alten Wein in neue Schläuche füllen und eher Verwirrung als Klarheit stiften, zwei nennenswerte Konzepte für Business-Ökosysteme. Beide gleichen einem Werkzeugkasten, aus dem sich Innovationsmanager ein maßgeschneidertes Ökosystem erschaffen können. Fassen wir die Grundlagen dazu noch einmal zusammen:

- Die Logik eines Plattformökosystems ist nötig, wenn (digitale) Marktplätze geschaffen werden sollen, die *Angebot und Nachfrage zusammenbringen* und die von einem Netzwerkeffekt getrieben werden. Die Dominanzfrage muss realistisch beantwortet werden: Kann die kritische Masse erreicht werden, die für eine selbstskalierende Kettenreaktion nötig ist? Und können wir (eine) der dominanten Plattformen werden?
- Die Logik eines Innovationsökosystems empfiehlt sich immer dann, wenn mehrere Partner durch nennenswerte, sich ergänzende Eigenentwicklungen eine *gemeinsame innovative Leistung* auf den Markt bringen wollen. Vitale Herausforderungen sind hierbei die Abhängigkeiten zwischen den gleichgeordneten Partnern und der für sie und den Orchestrator nötige Koordinationsaufwand.

Diese Überlegungen sind grundlegend für das Verständnis und das Management von Ökosystemen. Gleichzeitig bilden sie die Basis für die folgenden Ausführungen.

2 Perspektivwechsel: Wann brauche ich Business-Ökosysteme?

Oft werde ich gefragt, ob eine bestimmte Firma ein Ökosystem ist oder eines hat. Diese Frage ist schon vom Ansatz her falsch. Ökosysteme sind ein Konstrukt, ein Managementwerkzeug, eine Perspektive auf eine Firma oder ein Geschäftsmodell. Aber sie sind kein Phänomen wie ein Polarlicht, kein Zustand wie eine Schwangerschaft und nichts, das man besitzen könnte wie eine Fabrik.

Die Frage müsste also lauten, ob ein Perspektivwechsel sinnvoll ist, der ein Business-Ökosystem in den Fokus rückt. Ob so ein Konzept besser auf das Geschäftsmodell der Firma anzuwenden ist als einer der klassischen Wege. Des Weiteren wäre dann zu fragen, welcher Typus eines Ökosystems der geeignete wäre: ein Plattform- oder ein Innovationsökosystem. Daraus wiederum ergäben sich die wirklich entscheidenden Fragen: Plattformökosysteme sind im Kern digitale, von einem Netzwerkeffekt getriebene Marktplätze. Haben wir eine Geschäftsidee oder ein Konstrukt, bei denen dies ein entscheidender Faktor wäre? Dann kann die Logik eines Plattformökosystems sinnvoll sein.

Gleiches gilt für die neuartigen Innovationsökosysteme: Wann immer wir eine Konstellation vorfinden, in der mehrere Partner komplementäre Module zu einer gemeinsamen Leistung an den Kunden liefern und diese Module mit einem signifikanten Risiko in enger Abstimmung entwickelt werden müssen, benötigen wir ein Innovationsökosystem. Der sich daraus ergebende Mehrwert ist jedoch fließend. Am anderen Ende der Skala von Möglichkeiten gibt es Situationen, in denen sich die gewünschte Wertschöpfung besser durch klassische Ansätze erzielen lässt. Auch alles dazwischen ist möglich.

Genau wie bei einem Handwerker sind die verschiedenen Ökosystemkonzepte speziell zusammengestellte Werkzeugkästen für bestimmte Aufgabenbereiche: Die Toolbox eines Elektroinstallateurs unterscheidet sich von der eines Zimmermanns, obwohl beide auch gleiche Werkzeuge benutzen. Diese wiederum sind ebenfalls für einen bestimmten Anwendungszweck designt.

So ist der Schraubendreher ein Werkzeug für Schrauben, nicht für Nägel. Man kann damit auch irgendwie einen Metallstift in die Wand bekommen, aber ein Hammer ist dafür unbestritten besser geeignet. Andersherum lassen sich Schrauben auch mit einem Hammer in eine weiche Wand treiben, das wäre aber weder effektiv noch sonderlich professionell. In manchen Situationen mag das eine wie das andere Resultat seinen Zweck erfüllen. Spätestens aber wenn wir eine lange Schraube in ein enges Metallgewinde drehen wollen, wäre der Hammer nur noch destruktiv. Das Einschlagen von Nägeln in eine harte Mauer mit dem Plastikgriff eines Schraubendrehers dürfte ähnlich frustrierend sein.

Das klingt nach einer Binsenweisheit. Trotzdem finden wir in der Wirtschaft gar nicht so wenige Leute, die mit Hämmern Schrauben in Wände treiben. So geschehen bei einer schweizerischen Versicherung. In der Erwartung, dass die Innovationssprünge mit Business-Ökosystemen höher, weiter und schneller sein werden, schuf man dort die Stelle eines »Head of Ecosystems«. Eigentlich plante das Unternehmen nur weitere klassische Innovationen mit externen Partnern, wie es sie seit Jahren mit einem »Head of Open Innovation« durchführte. Zurecht fragte sich der gestandene Innovationsmanager: »Wieso soll der neue Kollege das Gleiche tun wie ich, aber trotzdem anders heißen? Wer von uns beiden ist jetzt überflüssig?«

Immer mal wieder neue Perspektiven einzunehmen, ist grundsätzlich vernünftig. Aber die Offenheit für Neues darf nie Selbstzweck sein.

Irgendwann muss man sich für den besten Standpunkt entscheiden. Ebenso sind auch Innovations- oder Plattformökosysteme nie aus sich selbst heraus besser als klassische Ansätze. Die Konzepte müssen stets in einem größeren Kontext beurteilt werden. Dazu gehören neben dem Nutzenversprechen auch die Unternehmensziele, die Firmenkultur und etliche andere Faktoren.

Nehmen wir wieder Tailored-Fits. Für sein Innovationsökosystem hat das Start-up neue Managementmethoden anwenden müssen. Trotzdem gibt es in der Wertschöpfungskette des Geschäftsmodells auch einige ganz klassische Glieder. Wenn ein Kunde im Sportgeschäft eine Sohle bestellt, löst dies einen Auftrag beim 3D-Drucker aus. Der ordert die Materialien bei seinem Lieferanten, welcher sie dann per Post in den Laden schickt, wo der Mitarbeiter das Endprodukt dem Kunden übergibt.

Das grundlegende Prinzip dieser Lieferkette kannten schon die alten Römer. Sie wussten um die Innovationskraft der Kelten bei der Herstellung von Schwertern. Später beschafften sie ihren Waffenstahl aus dem Noricum, einem ehemals keltischen Königreich, das sich hauptsächlich auf dem Gebiet des heutigen Österreichs befand. Das moderne Supply-Chain-Management hat also eine jahrtausendelange Entwicklungsgeschichte und ist dementsprechend erprobt.

Es umfasst neben der Lieferung von Rohstoffen und Komponenten sowie der Herstellung von Zwischen- und Endprodukten auch die Fragen zur Nutzung geistigen Eigentums an den verwendeten Technologien. Der Patentschutz ist ebenfalls mindestens ein halbes Jahrtausend alt. Das Wort »Erfindung« dürfte aus dem Bergbau stammen, wo es ja darum geht, *fündig* zu werden und sich die Rechte an den Vorkommen zu sichern. Schon im frühen böhmischen und sächsischen Bergrecht gab es entsprechende gesetzliche Regelungen.

Auch bei Tailored-Fits mussten solche praktischen und rechtlichen Elemente einer Lieferkette organisiert und realisiert werden. Dazu bedurfte es aber keines Innovationsökosystems, sondern nur eines bedachten Griffs in den reich bestückten Baukasten von Standardlösungen. Und eben zusätzlich der neuen Werkzeuge für das Management der Ökosystempartner.

Bei der Werkzeugbox von Plattformökosystemen verhält es sich ganz ähnlich. Amazon musste einerseits neue Methoden entwickeln, um Angebot und Nachfrage auf einem Onlinemarktplatz zusammenzubringen. Für andere Aufgaben wie die Logistik konnte Jeff Bezos andererseits auf Standardwerkzeuge zurückgreifen.

Jede Art von Business-Ökosystem enthält Spezialwerkzeuge, die nur im Bedarfsfall zum Einsatz kommen und sonst nicht. Parallel dazu sind stets auch Standardtools in Gebrauch. Der Elektroinstallateur erledigt einen Auftrag, indem er einerseits spezielle Messgeräte und Materialien einsetzt. Andererseits greift er zum Hammer und Schraubendreher, die auch ein Zimmermann für völlig andere Arbeiten benutzt.

Doch worin genau besteht der Perspektivwechsel, auf den schon die Überschrift dieses Kapitels hinweist? Was ist der Charme der typischen Werkzeuge eines Plattform- oder eines Innovationsökosystems? Warum gehören diese Tools unbedingt in den Werkzeugkoffer vieler Firmen und Branchen? Für eine Pauschalantwort unterscheiden sich die Konzepte hinter Plattform- und Innovationsökosystemen zu stark.

2.1 Eine andere Form der Distribution

Plattformökosysteme sind von der Grundidee her nicht neu, sondern nur eine andere Form der Distribution. Ob eine Bank ihre Hypothek über den eigenen Kundendienst vertreibt, über einen als Zwischenhändler auftretenden Agenten oder über einen (digitalen) Marktplatz, ist erst einmal kein großer Unterschied.

Marktplätze für den Waren- und Informationsaustausch gibt es seit Jahrtausenden. Schon der mittelalterliche Bauernmarkt basierte auf einem Netzwerkeffekt: Je mehr Landwirte dort ihre Produkte feilboten, desto attraktiver war der Markt für die Bürger, desto mehr Besucher strömten herbei, desto spannender war der Umschlagplatz für die Bauern. Die Gelegenheit, zwischen den Ständen den neuesten Klatsch und Tratsch auszutauschen, bot einen Zusatznutzen, wie wir ihn auch aus den Onlineforen kennen.

Der Netzwerkeffekt auf den analogen Märkten aus alter Zeit hatte allerdings natürliche Grenzen: Das Einzugsgebiet war begrenzt und der Verkauf von Salat oder Karotten an Abertausende Kunden war schier unmöglich. Dazu gab es zu wenig Ware, zu wenig Transportkapazität, zu wenig Verkaufspersonal und zu wenig Zeit – spätestens wenn die Stadttore schlossen, endete der Verkauf.

Diese Einschränkungen kennen die digitalen Marktplätze unserer Zeit nicht. Angebot und Nachfrage wird von Computern abgewickelt, alles hoch effizient und vollautomatisch. Bei immateriellen Produkten ist das Einzugsgebiet überall da, wo das Internet hinreicht. Bei physischen Gütern gibt es noch ein paar Einschränkungen an unzugänglichen Orten, aber selbstfliegende Drohnen werden die Zahl dieser weißen Flecken weiter schrumpfen lassen.

Erst durch die Digitalisierung kann der Netzwerkeffekt seine volle Wucht entfalten. Die Technik dahinter macht den Unterschied zwischen einem alternativen Distributionskanal und einem disruptiven Plattformökosystem.

Nie zuvor in der Menschheitsgeschichte konnten Austauschplattformen so breit skalieren, dass sie ganze Märkte zerstören, so wie Amazon einem »Todesengel« gleich den klassischen Buchhandel erstickt.

Das Potenzial von Plattformökosystemen, einen ganzen Markt neu zu ordnen, macht sie ebenso für den Vertriebsleiter wie für den CEO interessant. Mancher fragt sich: Soll ich selber ein Plattformökosystem aufbauen oder in einem mitwirken? Kann ich in mehreren gleichzeitig aktiv sein, auch parallel zu meinen sonstigen Produkten und Vertriebswegen? Diese Themen besitzen heute mehr strategische Relevanz als in den frühen Tagen der New Economy.

2.2 Der Kunde als Ausgangspunkt

Innovationsökosysteme hingegen sind im Kern eine Weiterentwicklung des Grundprinzips kundenorientierter Innovation. Schon die Jünger des *Design Thinking* haben uns gelehrt: Innovationen sollten beim Nutzer und seinen Bedürfnissen starten. Wir müssen unsere Ideen und Lösungen aus der Kundenperspektive heraus entwickeln. Dann optimieren wir sie immer weiter auf die Bedürfnisse der Zielgruppe hin, lassen sie von echten Anwendern testen, nutzen deren Feedback für weitere Optimierungs- und Entwicklungsschritte und gehen mit dem Produkt schließlich an den Markt.

Die größte Hürde für das klassische Innovationsmanagement eines Unternehmens ist die Machbarkeit. Der Schriftsteller Hermann Hesse schrieb einmal in einem Brief:

> *»Damit das Mögliche entsteht, muss immer wieder das Unmögliche versucht werden.«*

Genau das haben die meisten Unternehmer und Innovationsmanager bis vor wenigen Jahren *nicht* getan. Sie dachten: Es nützt nichts, eine innovative Lösung zu finden, die unseren Kunden gefällt und für die sie auch bezahlen würden, wenn unsere Firma sie nicht umsetzen kann. Weil uns Ressourcen fehlen, Kompetenzen, Erfahrung oder weil die Innovation schlicht nicht zu unseren Kernfähigkeiten passt. Also entscheiden wir uns dagegen – obwohl sie brillant ist.

Dieses Schubladendenken können sich Unternehmen heute nicht mehr leisten. Es resultiert daraus, dass insbesondere in etablierten Branchen konkurrierende Firmen meist ähnliche Ressourcen und Fähigkeiten haben – wie auch sehr ähnliche Ideen. Und die gleichen Kunden sowieso. Daher entwickeln Mitbewerber gewöhnlich auch Produkte, die sich kaum voneinander unterscheiden. So bleiben sie immer in ihrer strategischen Blase gefangen und können sich durch ihre Innovationen kaum vom Wettbewerb absetzen.

Um aus diesem Dilemma auszubrechen, bleiben dann nur die klassischen Hebel des Wachstums durch Firmenübernahmen (*Mergers & Acquisitions* oder *M&A*). Oder durch rohe Gewalt in Form eines Verdrängungswettbewerbs mithilfe von Dumpingpreisen oder massiven Investitionen in Vertrieb und Marketing.

Genau hier setzt das Innovationsökosystem an, sofern der Kunde willens und in der Lage ist, die Innovation zu kaufen, wir sie als Firma aber nicht aus eigener Kraft umsetzen können. Das Ökosystem erweitert dann unsere Möglichkeiten und wir können trotzdem weitermachen. Wir holen einfach Partner dazu, die genau das einbringen, was wir selber nicht können. Und realisieren dadurch Innovationen, die außerhalb der Grenzen unserer eigenen Fähigkeiten und Ressourcen liegen.

Solche Netzwerke befähigen uns, Innovationen mit Wow-Effekt auf den Markt zu bringen, weil sie alles Bekannte in den Schatten stellen. Innovationen, die sich stark unterscheiden von den sogenannten Neuerungen der Konkurrenz, welche in Wahrheit nur kleine Weiterentwicklungen des Althergebrachten sind. Innovationen, die aus dem Denken des Unmöglichen entstehen und so die Grenzen des Machbaren hinausschieben. Doping für Innovation eben.

Innovationsökosysteme sind ein neues Konzept für Wachstum und Differenzierung in allen Branchen und Situationen.

In der Realität finden wir sie vor allem in etablierten, hart umkämpften Märkten. Warum gerade dort? Weil wir die zusätzliche Innovationskraft durch Abhängigkeit und Koordinationsaufwand erkaufen. Und weil Innovationsökosysteme per Definition zu *radikaler Innovation* führen. Also zu einer Innovation, die für den Markt und die eigene Firma neu und unbekannt ist. Und eine solche führt immer zu kulturellen Problemen, zum *Not-invented-here-Syndrom*, zu Ablehnung. Darum hält sich die Begeisterung für solche neuen Managementansätze meist in Grenzen, solange Firmen aus eigener Kraft und mit bekannten Methoden der Wertschöpfung noch ausreichend

Wachstum und Profit erzielen. Wieso etwas Neues, Unbekanntes, Schwieriges unternehmen, wenn wir mit den bewährten Hausmitteln auch zum Erfolg kommen?

Neben dieser Einsatzmöglichkeit gibt es noch eine zweite. Nämlich die, Innovationsökosysteme als Werkzeug zur Exploration neuer Felder einzusetzen. Wenn neue Technologietrends wie derzeit die Künstliche Intelligenz aufkommen, wissen Firmen oft, dass sie sich damit auseinandersetzen und dort lernen müssen. Sie verfügen aber weder über die Ressourcen noch über das Wissen, um dort tatsächlich aktiv zu werden. Auch hier können Innovationsökosysteme als Dosenöffner fungieren: Über die Kooperation mit den Partnern kann man mit relativ geringen Investments und damit geringen Risiken erste Gehversuche im neuen Themenfeld unternehmen und von der extern gewonnenen Kompetenz und Glaubwürdigkeit profitieren. Das Beispiel von Tailored-Fits könnte sich somit auch eine etablierte Firma als Beispiel nehmen: Anstatt nur über 3D-Druck zu sprechen, könnte man mit zwei Mitarbeitern und wenig Geld ein ernstzunehmendes Geschäft in diesem Technologiefeld aufbauen. Ein großer Vorteil: Wenn alle nötigen Marktzugänge und Ressourcen von Partnern kommen, muss die eigene Organisation nicht zu früh mit dem neuen Feld in Kontakt kommen. Das vermeidet das schon oben angesprochene Not-invented-here-Syndrom, was nur allzu oft auch schon die Exploration von neuen Themen verhindert.

Denn was der Bauer nicht kennt, das frisst er nicht. Das war schon auf den Marktplätzen des Mittelalters so. Und ob Bauer, Händler oder Gaukler, jeder musste dort seine Rolle finden. Gibt es bei heutigen Business-Ökosystemen ein Äquivalent zum mittelalterlichen Rollenspiel? Ja, das gibt es. Um welche Rollen es sich dabei handelt, das untersuchen wir in Kapitel 3.

3 Rollenspiel

Die Rolle, die man in einem Business-Ökosystem einnimmt, ist sowohl strategisch wie auch operativ von entscheidender Bedeutung. Darum werden wir sie in diesem Buch immer weiter vertiefen und von verschiedenen Seiten beleuchten. An dieser Stelle lernen Sie zunächst kurz die drei Rollen kennen, die wir in jedem Innovations- oder Plattformökosystem finden:

- Da haben wir zunächst den zentralen Initiator und/oder Koordinator des Ökosystems: den **Orchestrator**. In unserer Geschichte von dem Start-up mit den maßgefertigten Sohlen aus dem 3D-Drucker übernahm Tailored-Fits selbst diese Rolle. Die Firma hat das gemeinsame Wertversprechen des Ökosystems definiert, die Partner gesucht, sie für das Vorhaben gewonnen und schließlich die gesamte Koordination übernommen.
- Die zweite Rolle in einem Business-Ökosystem ist die des **Modullieferanten**. Bei unserem Maßschneider für Sportschuhsohlen und -inlays sind dies unter anderem die Partner für die Scanning-Lösung und für den 3D-Druck. Der Fachbegriff »Modul« bezieht sich dabei nicht zwingend auf ein technisches oder physisches Element der Gesamtlösung. Die Sportklinik im Tailored-Fits-Ökosystem etwa trägt mit ihrer biomechanischen Entwicklung eine Dienstleistung bei.

  Bei Innovationsökosystemen ist aber der Unterschied zu einer herkömmlichen Lieferkette zu beachten: Wer hier austauschbare, nicht komplementäre Module beiträgt, ist ein klassischer Lieferant und kein Ökosystempartner!
- Rolle Nummer drei ist die der **Kundenschnittstelle**. Sie bringt die zentrale Value Proposition, also das Wertangebot oder Nutzenversprechen, an die Käufer. Hierbei finden wir in der Praxis viele Variationen, wie diese Rolle gespielt werden kann. Im Fall unserer 3D-gedruckten Sohlen bildet die exklusiv ausgewählte Ladenkette die Schnittstelle zu den Kunden: Die Sportfachgeschäfte verkaufen das

mit »Tailored-Fits« gebrandete Produkt. Die Kundenschnittstelle ist also reiner Vertriebspartner, während der Orchestrator mit seiner eigenen Marke auftritt.

Eine andere Variante der Kundenschnittstelle finden wir bei *Dacadoo*. Dieses auf Big-Data-Anwendungen spezialisierte Unternehmen aus Zürich wollte seinen Kunden eine innovative Lösung für Krankenversicherungen anbieten: Jeder Versicherte bekommt einen Gesundheits- oder Fitnessstatus, den sogenannten *Health Index*. Fittere Kunden zahlen dann niedrigere, solche mit mehr gesundheitlichen Risiken höhere Prämien. Die aktive Mitwirkung an der Verbesserung der eigenen Gesundheit wird zusätzlich über ein Bonussystem honoriert.

Nachdem Dacadoo das Nutzenversprechen definiert hatte, baute es mit verschiedenen Modullieferanten ein Innovationsökosystem auf. Der Staat etwa liefert ausgewählte Gesundheitsdaten. Dacadoo selber stellte den »Health Index«, der den Gesundheitszustand des Versicherten in einer Zahl zwischen 0 und 1000 ausdrückt – Adonis erhält vermutlich 1000, der kettenrauchende Diabetiker mit Übergewicht geht eher Richtung 0.

Krankenversicherungen bringen die Versicherungslösung ein und übernehmen zusätzlich die Kundenschnittstelle. Für den technischen Teil der Kommunikation bieten sie ihren Versicherten eine »eigene« App an, die in Wahrheit ebenfalls von Dacadoo stammt. Anders als Tailored-Fits tritt das Zürcher Technologieunternehmen als Orchestrator des Ökosystems kaum in Erscheinung. Der Kunde denkt, er habe es lediglich mit der Krankenversicherung zu tun.

Die Frage, unter welchem Branding die Kundenschnittstelle laufen sollte, umfasst viele Aspekte. Einer davon ist die Glaubwürdigkeit. In diesem Fall dürften die Marken etablierter Versicherungen ein höheres Vertrauen genießen als der Name Dacadoo, der manche wohl eher an einen lustigen Kakadu denken lässt, nicht aber an eine seriöse Krankenversicherung. Aber hier wissen Branding-Experten mehr – spezifisches Ökosystemwissen ist nicht erforderlich bei der Beantwortung der Frage, unter welchem Namen und Branding die Value Proposition verkauft werden sollte.

Dacadoo und Tailored-Fits sind nur zwei Beispiele für die individuelle Ausgestaltung von Rollen. Grundsätzlich finden wir die drei beschriebenen Arten der Aufgabenprofile sowohl in Innovations- wie in Plattformökosystemen.

Bei Letzteren gibt es einen kleineren Unterschied. Konzeptbedingt sind die Modullieferanten auf den Onlinemarktplätzen meist Anbieter standardisierter Produkte oder Services. Sie müssen typischerweise weder Anpassungen oder Entwicklungen vornehmen noch sich mit anderen Anbietern abstimmen. Wer etwa auf der Plattform von Amazon Hüllen für Smartphones verkauft, der liefert aus seinem Sortiment und koordiniert sich gewöhnlich nicht mit Konkurrenten, die ihr Geschäft ebenfalls über Amazon betreiben.

Dennoch verbindet alle ein unsichtbares Netz, genau wie bei einem klassischen Bauernmarkt. Würden dort nur ein einziger Gemüse- und ein Fleischhändler ihre Waren feilbieten, gäbe es für die Kunden keinen Vorteil gegenüber lokal niedergelassenen Verkäufern. Erst wenn der Marktplatz eine kritische Masse von Anbietern bietet, lockt er ausreichend viele Kunden an. Genauso profitieren in einem Plattformökosystem alle Lieferanten voneinander.

Üblicherweise ist hier der Betreiber der Plattform sowohl der Orchestrator als auch die Kundenschnittstelle. Die Koordination innerhalb des Ökosystems läuft weitgehend automatisch ab, was den Aufwand für die Orchestration niedriger hält als bei einem Innovationsökosystem. Die grundsätzliche Rollenverteilung bleibt jedoch gleich.

4 Sieben gängige Mythen

Obwohl Plattform- und Innovationsökosysteme erst nach der letzten Jahrtausendwende aufgekommen sind, ranken sich um sie eine Vielzahl von Mythen. Bei den meisten geht es darum, neue Konzepte als Wundermittel der Betriebswirtschaft in den Himmel zu loben. Insbesondere einige Beratungsunternehmen singen das Hohelied der Ökosysteme. Ausgewogene oder gar kritische Stimmen sind in dieser Kakofonie eher selten zu vernehmen.

Die unterschiedlichen Abgrenzungen und Fachausdrücke wie auch die mit Ökosystemen verbundenen Vorstellungen sorgen regelmäßig für Verwirrung. Höchste Zeit, uns einmal der sieben gängigsten Mythen über Business-Ökosysteme anzunehmen, getreu dem Motto: Je mehr Irrtümer du aussiebst, desto näher kommst du der Wahrheit.

4.1 Business-Ökosysteme sind überall

Viele einschlägige Beraterstudien zeichnen von der Wirtschaft das Bild eines Meers von Ökosystemen. Es gebe sie in allen Branchen, wird da behauptet, Business-Ökosysteme seien allgegenwärtig. Aus diesem Mythos leitet man dann den Fehlschluss ab: Wir als Firma brauchen unbedingt auch ein Ökosystem, um konkurrenzfähig zu bleiben.

Dieses Narrativ spiegelt die Wirklichkeit nur unzureichend wider und ist in seiner Absolutheit sogar falsch. Es entspringt vor allem der inflationären und gedankenlosen Verwendung des Begriffs »Ökosystem«. Wie oben beschrieben, gibt es davon in der Wirtschaft mindestens fünf verschiedene »Geschmackssorten«, auf die er sich anwenden lässt, und meistens hat man damit nur ein neues Etikett auf ein altes Modell geklebt. Das kennen wir von dem Slogan »Raider heißt jetzt Twix«. Damit war dem

Konzern Mars Wrigley Anfang der 1990er-Jahre ein erfolgreiches Rebranding seines Schoko-Karamell-Riegels gelungen, obwohl sich am Inhalt der Verpackung nicht das Geringste verändert hatte.

Mit dem Buzzword »Ökosystem« umschreibt man:

- **Produktportfolios:** »Unser komplettes Ökosystem für Ihre Bedürfnisse rums ums Wohnen.«
- **Branchenumgebungen:** »Wir führen eine Analyse Ihres Ökosystems durch und identifizieren Wachstumschancen.«
- **Netzwerke:** »Das ist Anna, sie managt unser globales Ökosystem aus Freelancern und Experten.«

Selbst stockkonservative schweizerische Versicherungen präsentieren sich heute als Akteure eines Ökosystems. Sie verkaufen ihre Versicherungslösungen nun über Startups. Vor dreißig Jahren hätte man hier von einem »Partnervertrieb« gesprochen, vor zehn Jahren von »Multichannel Sales«. Nun muss man also »in Ökosystemen aktiv sein«, sonst ist man total oldschool.

Dieser Logik des Etikettenschwindels folgend, sollte sich Klaus-Peter aus dem dörflichen Bäckerladen seinen Kunden schnellstens als »Head of Ecosystems« präsentieren, um nicht altbacken zu wirken. Schließlich liefert er seine Brötchen zum Metzger. Der kombiniert es mit einer Scheibe Fleischkäse und einem Schuss Ketchup vom »Ökosystempartner« Metro. So hat er mithilfe seines »Ökosystems« ein Multi-Komponenten-Produkt designt, das ihm seine Kunden begeistert aus den Händen reißen.

Es ist richtig, hier gibt es Kooperationen, Lieferketten und einen Produktverkauf über einen Vertriebspartner. All das kennzeichnet aber kein neuartiges Ökosystem. Wenn die Terminologie schon neudeutsch klingen soll, könnten wir von B2B-Commerce sprechen. Business-to-Business-Handelsbeziehungen sind jedoch älter als der Begriff »Marktwirtschaft«.

Im Gegensatz dazu ist das Bild bei den neuen, »echten« Ökosystemkonzepten differenzierter. Innovationsökosysteme sind in der Praxis eher selten vorzufinden. Ihr Potenzial ist somit nicht annähernd ausgeschöpft. Auf der anderen Seite sind wir von Plattformökosystemen umgeben. Sie sind in praktisch allen reifen Märkten zu finden, die sich durch gut vergleichbare und wenig erklärungsbedürftige Produkte auszeichnen. Daher aufgepasst beim Begriff Ökosystem:

Ein Buzzword hat noch keine Firma innovativ gemacht!

4.2 Business-Ökosysteme sind dominante Branchenriesen

»*Thanatotheristes degrootorum* wandelte vor rund 79,5 Millionen Jahren auf der Erde. Zu dieser Zeit standen die Tyrannosaurier kurz davor, zu den Spitzenräubern ihres Ökosystems zu werden«, lesen wir bei *National Geographic*. Eine ähnliche Vorstellung haben viele Menschen von Business-Ökosystemen: Die sind riesig, gefräßig und machen alles platt. Aber stimmt das auch oder ist es nur ein weiterer Mythos?

Vor einiger Zeit machte die Studie »Competing in a world of sectors without borders« des Beratungsunternehmens McKinsey Furore. Sie behauptete, wir würden in Zukunft nur noch zwölf große Ökosysteme haben: Mobilität, Wohnen, Gesundheit etc. Jede Firma muss sich in diese Ökosysteme einordnen und daher zwingend die Spielregeln dieser neuen Ökosystemwelt verstehen. Als aufmerksamer Leser dieses Buches erkennen Sie bereits hier den Fehler: Die aufgezählten Begriffe beschreiben Industrieökosysteme. Diese sind aber nur ein Buzzword für »Branche« oder »Marktumgebung«.

Wenn wir in der Studie also den Begriff »Ökosystem« durch »Marktumgebung« ersetzen, führt sie sich selbst ad absurdum. Denn schon heute bewegen wir uns in den genannten großen, übergreifenden Bedürfnisfeldern. Wir alle wohnen, sind mobil und nutzen Gesundheitsleistungen. Das hat aber keine Implikation für uns oder für die Unternehmen dieser Branchen. Daher: Industrieökosysteme sind groß, je nachdem, wie weit man die damit gekennzeichnete Branche fasst. Aber das ist eine Nullaussage, weil wir lediglich mit einem Buzzword hantieren.

Zumindest bei Plattformökosystemen kommt das Dominanzargument der Wahrheit aber sehr nahe. Der Tyrannosaurus des Handels ist Amazon, wird oft argumentiert. In den sozialen Medien ist es Facebook. Aus dieser Perspektive erscheint die These von großen, branchenbeherrschenden Ökosystemen schlüssig. Aber ist dem wirklich so?

Plattformökosysteme basieren auf dem Netzwerkeffekt, dessen selbstskalierende Wirkung ja zu einer Winner-takes-it-all-Logik führt. Somit werden wir in einer bestimmten Branche per Definition nur sehr wenige große und dominante Plattformökosysteme vorfinden. Aber nur, weil es in einer Stadt sehr wenige Schrottplätze gibt, heißt das noch nicht, dass der Handel mit Altmetall für jeden Entrepreneur das beste Geschäftsmodell ist. Aber dennoch:

Plattformökosysteme müssen per Definition groß und dominant werden.

Innovationsökosysteme folgen einer anderen Logik: Unabhängige Unternehmen kooperieren auf ein gemeinsames Wertangebot hin in einem Umfeld gegenseitiger Abhängigkeit und Koordination. Je mehr Firmen sich so vernetzen, desto mehr Koordinationskosten entstehen; ebenso erhöht sich die Wahrscheinlichkeit, dass ein Partner aus dem Ökosystem aussteigt. Dann droht es, als Ganzes zu scheitern, da wie in einem Puzzle nur alle (komplementären) Teile *zusammen* ein komplettes »Bild« ergeben.

In der Aufbauphase benötigt ein Innovationsökosystem zwei bis drei Vollzeitstellen, um drei bis fünf Partner zu koordinieren. Daraus leitet sich folgende Frage ab: Wie kann eine Value Proposition mit so wenig Partnern wie möglich erreicht werden?

Was folgt daraus? Innovationsökosysteme tendieren im Hinblick auf die Zahl der Partner eher zu überschaubaren Größen. Nach einer groben Faustformel aus der Praxis benötigt ein Innovationsökosystem in der Aufbauphase zwei bis drei Vollzeitstellen, um drei bis fünf echte Partner zu koordinieren. Im Normalfall wächst der personelle Aufwand mit jedem zusätzlichen Partner exponentiell. Daher sollten Innovationsökosysteme so klein wie möglich sein. Die Frage lautet immer: Wie können wir eine Value Proposition erreichen, die mit so wenig Partnern wie möglich realisiert werden kann?

Und gleichzeitig kommt hier ein zweiter Aspekt zum Tragen: Wir erinnern uns – damit ein Innovationsökosystem als solches bezeichnet werden kann, muss bei der Entwicklung der komplementären Module ein gewisses Risiko vorliegen, was zu wechselseitiger Abhängigkeit der Partner führt. Was passiert aber, wenn das Produkt auf dem Markt ist? Sie ahnen es – dann sind die Module entwickelt, das Entwicklungsrisiko ist nicht mehr vorhanden, die Abhängigkeiten sind geringer. Tailored-Fits ist hier ein schönes Beispiel: Nach Markteinführung der Sohle ging das Innovationsökosystem faktisch in eine Wertschöpfungskette über, bei der alle relevanten Partner durch digitale Schnittstellen verbunden und die Bestellabläufe voll automatisiert sind. Somit sind Innovationsökosysteme temporäre Erscheinungen. Dazu später mehr. Aber an dieser Stelle ist die Botschaft klar: Innovationsökosysteme sind definitiv nicht groß und marktbeherrschend, sondern klein und von kurzer Dauer. Also eher Zwergmaus statt Tyrannosaurus.

Fazit: Plattformökosysteme können und sollen tatsächlich zu einer marktbeherrschenden Größe anwachsen. Bei Innovationsökosystemen denken wir in Dimensionen von wenigen echten Partnern und kürzeren Zeiträumen. Und wer Industrieökosysteme als Buzzword verwendet oder auf diese hereinfällt, denkt vermutlich nicht nach.

Der Schlüssel für die richtige Wahl ist: Sie müssen sowohl die Konzepte wie auch die Grenzen der verschiedenen Ökosystemarten genau kennen. Mit einem Tyrannosaurus rex im Kopf kommt man nicht weit.

4.3 Business-Ökosysteme gedeihen am besten auf gewachsenen Beziehungen

Nicht wenige neigen zu der Vorstellung, sich beim Aufbau von Business-Ökosystemen am besten auf starke Partner aus dem eigenen Netzwerk zu stützen. Alle setzen sich zusammen und überlegen, was man gemeinsam erreichen kann. Die oft über Jahre und Jahrzehnte gewachsenen Beziehungen haben sich ja bewährt. Es kann also nur etwas Gutes dabei herausgekommen.

Auch dieses verbreitete Vorgehen beruht auf einem Mythos. Es ist vermutlich der sicherste Weg, eine Initiative zum Aufbau eines Ökosystems scheitern zu lassen. Dies belegt anschaulich eine wahre Geschichte:

Vom falschen Ende aufgezäumt

Alles begann mit der Idee einer führenden Privatbank, ein Business-Ökosystem aufzubauen. Zur Unterstützung engagierten die Banker ein Beraterteam. Man beschloss dann ziemlich schnell, in einem ersten Workshop zusammen mit dem Topmanagement zu diskutieren, mit welchen Partnern sich der Plan am besten umsetzen ließe und wie die gemeinsamen Produkte aussehen könnten.

Für dieses Kick-off waren zwei Tage veranschlagt. Die brauchte die Unternehmensführung aber nicht. Bereits nach dem ersten Tag brach sie die Übung ab und erklärte Ökosysteme als nicht relevant für die Bank. Was war passiert?

Schon bei der ersten Diskussion über potenzielle Partner sah das Topmanagement allerlei Probleme auf sich zukommen, die das Innovationsvorhaben torpedieren könnten: Ist unsere IT imstande, externe Partner anzudocken? Bekommen die Mitspieler Zugang zu unseren Kunden? Wie regeln wir das dann mit dem Datenschutz? Wer bekommt das geistige Eigentum an der gemeinsamen Entwicklung? Was machen wir, wenn Partner sich unseriös verhalten? Färbt das dann nicht auf unseren Ruf als führende Privatbank ab?

Solche berechtigten Bedenken schreien geradezu nach einem triftigen Grund, die Hürden trotzdem zu überwinden und sich den Risiken zu stellen. Da man das Pferd jedoch vom falschen Ende her aufgezäumt hatte, ließ sich im Direktorium der Bank niemand dazu hinreißen, seine Komfortzone zu verlassen.

Der Kern eines Geschäftsmodells sind stets der Kunde und seine Bedürfnisse. Fragen Sie sich, mit welcher Value Proposition können wir Kunden begeistern?

Die richtige Reihenfolge hätte beim Wertangebot begonnen: Mit welcher Value Propositon können wir neue Kunden gewinnen und die bestehende Klientel stärker an uns binden? Daraus hätte man dann die klaren Vorteile für die Bank und die externen Partner ableiten können. Hiernach wäre es viel leichter gewesen abzuschätzen, ob das Konstrukt einer Vorteils-Risiko-Abwägung standhält. Wir hätten zwar immer noch die oben genannten Herausforderungen. Aber wir hätten genau gewusst, wieso wir diese auf uns nehmen.

Der Aufbau eines Business-Ökosystems mit vorgegebenen Partnern birgt noch ein weiteres Problem. Auch dazu gibt es eine wahre Geschichte: Eine schweizerische Kantonalbank, ein Versicherungsunternehmen und ein IT-Dienstleister diskutierten darüber, wie sie in einem Innovationsökosystem ein gemeinsames Produkt entwickeln könnten. Dabei argumentierte jeder aus seiner eigenen Perspektive: Der Bankvertreter wollte unbedingt Hypothekarlösungen einbringen, da sie eines der wichtigsten Produkte seines Finanzinstituts waren. Der Versicherer dachte ähnlich über seine Versicherungen. Und der IT-Dienstleister war mit allem zufrieden, solange dies zu Mehrverkäufen seiner Software führen würde.

Das Ergebnis war keine Überraschung: Die Kombination aus einer Hypothek, einer Gebäudeversicherung und einer digitalen Beratungslösung. Alle drei Parteien waren begeistert. Jeder sah seine Interessen angemessen vertreten. Das neue Gemeinschaftsprodukt konnte nur ein Erfolg werden.

Wurde es aber nicht. Das zeigte sich bald nach dem Marktgang. Die Kunden sahen keinen großen Nutzen in der Bündelung der drei Leistungen. Schließlich hätten sie diese auch von den einzelnen Firmen kaufen können. Der einzige Vorteil war die Bequemlichkeit, alles aus einer Hand zu bekommen. Aber dafür zahlt der Kunde nicht viel mehr. Auf der anderen Seite stehen die schon erwähnten Koordinationsaufwendungen und Abhängigkeiten, die zu hohen Kosten für die Firmen führen. Und diese fressen die schmalen Erträge aus dem Bündelprodukt schnell auf. Nachdem alle Partner dieses Ökosystems ihre Wunden geleckt hatten, beerdigte man das Produkt wenige Jahre später still und heimlich.

Wie vermeiden Sie solche Fehler? Erinnern wir uns noch einmal an die grundsätzlichen Prinzipien eines Innovationsökosystems:

Der Kunde zahlt für das Wertversprechen.

Er wird sein Geld nur für ein Produkt herausrücken, in dem er einen *für ihn* nützlichen Vorteil erkennt. So generiert das Wertangebot Umsätze, die, genau wie bei klassischen Innovationsprojekten, alle produktbezogenen Kosten bezahlen. Zusätzlich möchte jeder Partner seinen Anteil an den Erträgen, eine Amortisierung seiner Entwicklungskosten sowie eine Kompensation für das erhöhte Risiko des Scheiterns und für den jeweiligen Koordinationsaufwand. Alles zusammen addiert sich zu systembedingten Mehrkosten, die nur ein überdurchschnittlich starkes Wertversprechen profitabel decken kann. Das ist gleichsam die Mechanik, die ein Innovationsökosystem in Gang hält.

Wenn vorausgewählte Partner sich beim Nutzenversprechen nur auf das kleinste gemeinsame Vielfache ihrer Wünsche einigen, produzieren sie durch das Ökosystem hohe Kosten. Aber die Wahrscheinlichkeit, dass das kleinste gemeinsame Vielfache der Wünsche der involvierten Firmen genau die Value Proposition ergibt, für die ein Kunde einen Premiumpreis bezahlt, dürfte sehr gering sein.

Statt primär auf gewachsene Beziehungen zu vertrauen, beachten Sie beim Aufbau daher besser die Reihenfolge in folgender Checkliste:

1. Starten Sie immer beim Kunden und seinen Bedürfnissen.
2. Definieren und testen Sie ein Wertversprechen, das dem Status quo des Marktes klar überlegen ist.
3. Finden Sie heraus, ob die Kunden dazu bereit sind, für Ihr Angebot deutlich mehr zu bezahlen als für den Status quo.
4. Analysieren Sie anhand der Ergebnisse aus den Schritten 1 bis 3, ob ein Innovationsökosystem der beste oder einzige Weg zur Verwirklichung Ihres Vorhabens ist. Oder wird die Value Proposition lieber inhouse, mit M&A oder ähnlichen Ansätzen verwirklicht?
5. Falls ja, besetzen Sie nun die Rollen nach der optimalen Eignung der Akteure. Nicht danach, wen Sie kennen.
6. Überzeugen Sie die Partner mit einem klar definierten und getesteten Wertversprechen, dem daraus resultierenden Business Case und mit einem attraktiven Anteil vom Gesamtertrag.

Diese Vorgehensweise gilt analog für Plattformökosysteme. Hier begeht man häufig den Fehler, das Wertversprechen zu schnell zu definieren – es scheint ja trivial zu sein. So ein Schnellschuss wird typischerweise schon in der Ideenphase abgefeuert, bei der ersten Beschreibung des Ökosystems.

So war es auch bei den Gründern eines Start-ups, die sich überlegten: »Wir wollen einen Marktplatz bauen, der Handwerker mit Immobilienbesitzern zusammenbringt und den Prozess der Angebotserstellung vereinfacht.« Basierend auf dieser Idee suchten sie nach einem Investor und fanden unter anderem mich. Die tiefer gehenden Fragen konnten mir die Gründer dann aber nicht beantworten: »Für welche Handwerker? Große, kleine, Sanitärbetriebe, Schreiner, Küchen- oder Türenbauer? Welche Prozessschritte des Angebots können wir vereinfachen? Welche Art von Immobilienbesitzern bildet Ihre Zielgruppe? Worin unterscheiden sich deren Bedürfnisse bei einer Renditeliegenschaft und bei einem selbstbewohnten Heim? Wieso sollte ein erfolgreicher und schon gut ausgelasteter Handwerker überhaupt noch zusätzlich über eine Plattform anbieten?«

Beim Aufbau von Plattformökosystemen steckt der Teufel im Detail. Nur ein sehr klares Verständnis für die Nutzer auf allen Seiten der Plattform, für ihre Bedürfnisse und für den sich daraus ergebenden Fokus führt zu einem Nutzenversprechen mit echtem Wert für die Zielgruppe(n). Doch mehr dazu später, wenn wir uns dem Aufbau von Ökosystemen widmen. Jetzt geht es zunächst direkt zum nächsten Mythos, der dem gerade besprochenen verdächtig ähnelt.

4.4 Business-Ökosysteme erwachsen aus dem bestehenden Business

Mythos Nummer vier besagt: Wenn man ein Ökosystem aufbaut, startet man am besten beim bestehenden Geschäftsmodell und seinen zugrunde liegenden Strukturen.

Dieser typischen Denkweise begegnete ich in einem Workshop mit einem renommierten Akteur aus der Tourismusbranche. Seine Firma, nennen wir sie hier mal overnight.com[1], war selbst ein digitaler Disruptor, hat die Branche mit ihrer Web-Lösung also ordentlich aufgemischt. Sie betreibt eines der führenden Portale für Hotelbuchungen.

In einem weiteren Geschäftsbereich erstellt overnight.com Programmmodule, die andere Softwarehäuser lizenzieren, um sie in eigene Hotellösungen zu integrieren. Kernüberlegung des Head of Ecosystems war: »Wie schaffe ich mit den aktuellen Partnern ein Ökosystem, um die eigene Position in der Branche zu stärken?« In so einer Konstellation würden die IT-Firmen nicht mehr als Zwischenhändler fungieren, sondern als Partner auf Augenhöhe. Der Workshop-Teilnehmer fragte mich: »Wie kann man Anreize schaffen, um diese Softwarehäuser ins Ökosystem zu holen?«

In Abschnitt 4.3 haben wir den falschen Ansatz dieser Frage bereits entlarvt: Sie ignoriert völlig den Kunden. Die IT-Firmen sind Integratoren und zugleich Kundenschnittstelle in der aktuellen Lieferkette. Der Plattformbetreiber overnight.com braucht sie, weil seine Softwaremodule nicht direkt an die Hotels gegeben werden können, ebenso wie beispielsweise die Zahnradfabrik Friedrichshafen ihre Getriebe nicht direkt an Autobesitzer verkauft, sondern an Fahrzeughersteller. Die kümmern sich dann um die Endmontage und den Vertrieb. Ob Hardware oder Software, das Konstrukt ist gleich.

Die Kernfragen von overnight.com hätten also lauten müssen: »Für welche Bedürfnisse von Hotels gibt es bislang keine befriedigenden Lösungen? Mit welchem Nutzenversprechen oder Wertangebot können wir diesen Bedarf adressieren? Und welche neuen Partner brauchen wir dafür?«

Mit diesem kundenorientierten Ansatz stellt sich die Frage nach den Anreizen für die alten Partner erst gar nicht. Und selbst wenn, wäre die Antwort einfach: Wir geben ihnen einen Teil der Erträge aus dem neuen Wertversprechen. Ist dieser Beitrag höher als ihre Kosten, sind sie vermutlich dabei. Realistischerweise werden wir nur dann einen nennenswerten Rohgewinn erwirtschaften, wenn wir den Hotels eine starke Lösung für relevante Probleme präsentieren.

Die Magie eines Innovationsökosystems: Es durchbricht die zementierten Grenzen etablierter Branchen und schafft für Kunden neuartige Lösungen.

[1] Aus Gründen der Vertraulichkeit haben wir den echten Namen geändert.

Wer wie overnight.com weiter in alten Strukturen denkt, während er ein neues Konzept einführen will, raubt dem Ökosystem seine magische Kraft: die Möglichkeit, die zementierten Grenzen seiner etablierten Branche zu durchbrechen und neuartige Lösungen für die Kunden zu schaffen. Wenn wir stattdessen den Denkprozess in den alten Strukturen starten, wird sich diese »Magie« nie entfalten.

Weil es so wichtig ist, wiederholen wir noch einmal die grundlegende Methodik zum Aufbau eines Business-Ökosystems:

Beginnen Sie konsequent beim Kunden, bei seinen ungelösten Problemen. Dann erst suchen Sie dafür mit ungezügelter Kreativität nach Lösungen. Denken Sie nicht an die Beschränkungen Ihrer Branche, Ihres bisherigen Geschäftsmodells, Ihrer alten Partner oder Ihrer Fähigkeiten. All das interessiert Ihren Kunden nicht. Für alles, was wir für eine wirklich innovative Lösung seiner Probleme brauchen und selbst nicht schaffen, sind die Partner da. Diese können die alten Partner sein oder neue, die wir uns gezielt ins Ökosystem holen.

Ökosysteme sind also mehr als ein Upgrade für das bestehende Business, mehr als ein etwas größerer Entwicklungsschritt. Mit ihnen lassen sich Wertschöpfungssysteme von Grund auf neu denken und alte Strukturen durchbrechen. Hierin liegen ihr wahres, ihr disruptives Potenzial und der Grund, warum wir die Unbilden ihres Aufbaus auf uns nehmen.

4.5 Business-Ökosysteme bringen uns in verschiedene Rollen

»Wir müssen Orchestrator im Ökosystem werden, damit wir die Kundenschnittstelle sichern können«, sagte der Topmanager einer führenden schweizerischen Bank. Ich konnte ihm zwar nicht zustimmen, ihn aber gut verstehen. Seine Äußerung entsprang dem verbreiteten Irrglauben, man müsse beim Aufbau eines Ökosystems, basierend auf den eigenen strategischen Zielen, mehrere Rollen übernehmen. Je mehr Rollen, desto mehr Kontrolle, desto größer die Erfolgschancen, schlussfolgern viele. Diese Annahme ist ein weiterer, unser fünfter, Mythos, der sich um Business-Ökosysteme rankt.

Wer welche Rolle in einem konkreten Ökosystem einnehmen kann und sollte, hängt in Wahrheit von den Besonderheiten des Wertversprechens ab. Sie erinnern sich an Tailored-Fits? Da stand am Anfang die Idee, maßgefertigte Sohlen über das Internet zu verkaufen. Der Kunde sollte seine Füße zu Hause mit dem Handy scannen, die dreidimensionalen Modelle mit der Bestellung online an die 3D-Druck-Firma senden und dann per Post die Sohlen erhalten.

Als Tailored-Fits die Prozedur testete, ergab sich allerdings, dass sich der Kunde aus anatomischen Gründen nicht selbst scannen kann. Es zeigte sich außerdem, dass die fertige Sohle zurechtgeschnitten und an den Schuh des Kunden angepasst werden muss. Somit ergab sich erst an dieser Stelle die Rolle einer physischen Kundenschnittstelle. Der zukünftige Partner müsste für diese Rolle auch geeignetes Personal haben. Die Leute brauchten Fachkenntnisse über Sportschuhe und ihre nötigen Eigenschaften für bestimmte Sportarten. Zudem sollten sie sich in der Kundenberatung auskennen, also wissen, wie man ein beratungsintensives Produkt an den Mann oder die Frau bringt.

Bei dem ursprünglich angedachten, rein online abgewickelten Prozess hätte man auf diese Fähigkeiten an der Kundenschnittstelle verzichten können. Oder Tailored-Fits hätte dafür ein automatisches Dialogsystem trainiert. Solche Chatbots gibt es aus dem Regal, ebenso wie erprobte Standardlösungen für das Onlinemarketing, die Logistik und für den schnellen Versand der Sohlen zum Kunden. Doch der Praxistest offenbarte: Wir brauchen für den Vertrieb einen weiteren Partner. Das veränderte Anforderungsprofil prädestinierte eine Sportartikelkette für die Rolle als Kundenschnittstelle.

Das Beispiel Tailored-Fits zeigt, dass sich die konkrete Verteilung und Ausgestaltung von Rollen in einem Ökosystem aus dem Wertversprechen und dem Geschäftsmodell ergeben. Die Rollenbesetzung erfolgt NICHT nach dem Wünsch-dir-was-Prinzip.

Der Initiator des Ökosystems oder ein unverzichtbarer Partner könnte zwar im Voraus Wünsche für die eigene Rolle im Ökosystem festlegen. Und dann suchen die Akteure zu diesen Rahmenbedingungen passende Wertangebote. Damit würde man aber künstliche Barrieren schaffen, die bestimmte Nutzenversprechen von vornherein ausschließen, obwohl sie aus Kundensicht den größten Mehrwert brächten.

Das Beispiel Tailored-Fits zeigt noch einen zweiten Aspekt zum Mythos Nummer fünf: In einem Ökosystem gibt es kein »Wer A ist, muss auch B sein«. Bestimmte Rollen können, müssen aber nicht in einer Hand liegen. Tailored-Fits ist nur Orchestrator, weder Kundenschnittstelle noch Modullieferant. Auch die Sportgeschäfte und die 3D-Druckerei sind auf eine einzige Rolle beschränkt.

Im Ökosystem von Dacadoo hingegen ist die Krankenversicherung Modullieferant und gleichzeitig Kundenschnittstelle. Einerseits trägt sie eine neue Versicherungslösung bei und andererseits vertreibt sie diese an ihre Kunden. Dacadoo ist Orchestrator und hat außerdem das wichtigste Modul des Ökosystems entwickelt: den Health Index. Er übersetzt den Gesundheitszustand jedes Versicherten basierend auf verschiedensten Faktoren in eine einzige Zahl, anhand der sich die Höhe der Versicherungsprämie bemisst. Mit der kostenintensiven Entwicklung dieses unverzichtbaren (komplementären) Bausteins der Gesamtlösung hat Dacadoo im Innovationsökosystem die Rolle eines lupenreinen Modullieferanten.

Im direkten Vergleich der Ökosysteme von Tailored-Fits und Dacadoo sehen wir:

Der Erfolg des Ökosystems erwächst nicht aus der Konzentration der vermeintlich wichtigsten Rollen, sondern aus der idealen Rollenverteilung. Welche Rollen wir in welcher Kombination einnehmen, ist keine Frage des Wunschdenkens, sondern des Wertversprechens.

In einem Innovationsökosystem sind alle Partner voneinander abhängig. Ob ich Modullieferant oder Kundenschnittstelle bin, ist daher relativ egal. Solange die Value Proposition für den Kunden relevant ist, werde ich damit Geld verdienen und nicht ersetzbar sein.

4.6 Business-Ökosysteme sollten von großen Firmen orchestriert werden

Zweifellos besitzen Konzerne und große Firmen enormes Potenzial. Gewöhnlich verfügen sie auch, verteilt auf viele Mitarbeiter, über ein breites Spektrum an Know-how, organisatorischer Erfahrung und Führungsqualität. Das ist eine Binsenwahrheit, die zu dem Gedanken verleitet: Große Unternehmen sind in einem Business-Ökosystem die idealen Orchestratoren. Aber stimmt das wirklich?

»Welche Rolle werden Sie in einem künftigen Ökosystem spielen?«, lautet eine oft gestellte Frage in Gesprächen über ein geplantes Ökosystemvorhaben. »Wir werden der Orchestrator sein, da wir als Branchenführer unsere Stärke nutzen möchten.« So oder ähnlich antworten dann viele Manager, die in der Rolle des Orchestrators vor allem eine Machtposition sehen. Vom Grundgedanken her ist die Rolle jedoch genau das Gegenteil:

Der Orchestrator tritt als Diener des Ökosystems auf. Er muss

- die Interessen aller Beteiligten aufeinander abstimmen,
- sämtliche Anstrengungen zum Erreichen des gemeinsamen Wertangebots koordinieren,
- eine schnelle Entwicklung und Skalierung des Nutzenversprechens vorantreiben und
- wesentliche strategische Weichenstellungen vornehmen.

Wie wir im Helvetia Innovation Lab an der Universität St. Gallen durch eine wissenschaftliche Untersuchung zeigen konnten, ist die Rolle des Orchestrators dabei nicht eindimensional.[2] Sie besteht vielmehr aus einer operativen und einer strategischen Dimension. Für Zweitere scheinen große Unternehmen geradezu prädestiniert. Kleinere Firmen können diese Rolle allerdings oft ebenso gut oder gar besser spielen[3].

Die Rolle des Orchestrators hat sowohl eine strategische wie eine operative Dimension. Für erstere sind große Unternehmen gut geeignet. Für zweitere meist nicht.

Für die operative Orchestration sind Großunternehmen aufgrund mangelnder Agilität fast immer ungeeignet. Mehr dazu später, wenn wir die Rolle des Orchestrators eingehender beleuchten. Nur so viel schon vorweg: Start-ups oder kleinere Firmen hatten drei Viertel der rund vierzig erfolgreichen Ökosysteme orchestriert, die wir im Rahmen unserer Forschung untersucht haben. Eine spannende Perspektive für das Thema Wettbewerb: Ob Adidas als relevanten Konkurrenten bei 3D-gedruckten Schuhsohlen wohl Tailored-Fits auf dem Zettel hatte, ein Zwei-Personen-Start-up, das bei Luzern aus einer Vierzimmerwohnung heraus operiert?

4.7 Business-Ökosysteme sind agil

Glaubt man den Hochglanzbroschüren vieler Beratungshäuser, dann sind Business-Ökosysteme so etwas wie die Supersportwagen der Wirtschaft: anzugsstark, schnell, wendig und dabei so flexibel und robust wie ein SUV. »Als aktiver Part des Ökosystems können Sie agiler und schneller auf veränderte Kundenbedürfnisse und Marktdynamiken reagieren«, verspricht der Innovationsdienstleister Zühlke. Und die Agentur Sparkr schreibt auf ihrer Website: »Gut kuratierte Ökosysteme sind agil, resilient und fördern Innovation.«

Schon unsere ersten Erläuterungen zu Ökosystemen entlarven solche Aussagen als Mythos – um nichts anderes handelt es sich beim angeblichen Agilitätsvorteil. Den erlangen in Ökosysteme eingebundene Unternehmen höchstens strukturell: Sie ersparen sich den Aufbau von Ressourcen und Fähigkeiten im eigenen Haus. Tailored-Fits ist das Paradebeispiel dafür: Während der Riese Adidas über etliche Jahre hinweg eigene Center für 3D-Druck aufgebaut hatte, kam Tailored-Fits mit zwei Mitarbeitern zum gleichen Ziel. Und das in viel kürzerer Zeit! Aber eben um den Preis der Abhängigkeit von externen Partnern.

---

2 Lingens, B./Huber, F./Gassmann, O. (2021): »Loner or Team Player: How Firms Allocate Orchestrator Tasks amongst Ecosystem Actors«, in: *European Management Journal*, 40(4), 559–571.

3 Lingens, B./Böger, M./Gassmann, O. (2021): »Even a Small Conductor Can Lead a Large Orchestra: How Startups Orchestrate Ecosystems«, in: *California Management Review*, 63(3), 118–143.

Innovationsökosysteme ersetzen interne Investitionen durch externe Abhängigkeiten!

Davon abgesehen bringen Innovationsökosysteme einem Unternehmen nicht mehr Agilität, sondern sie bewirken wegen ihrer grundsätzlichen Herausforderungen eher das Gegenteil. Da gibt es auf der einen Seite den Kunden mit seinen Bedürfnissen, für die ein Wertversprechen entwickelt werden muss. Nicht irgendein Mehrnutzen wohlgemerkt, sondern ein zugstarkes Angebot, das trotz systembedingter Mehrkosten noch attraktive Erträge bringt.

Auf der anderen Seite stehen die Partner, die der Orchestrator mit der Aussicht auf Rückflüsse dazu motivieren muss, ihren Beitrag zum Nutzenversprechen zu leisten, und die er koordinieren muss. Er kann das Wertangebot also keinesfalls agil an ein verändertes Marktumfeld anpassen, sondern muss jede größere Modifikation mit den anderen Akteuren abstimmen.

Aufgrund seiner speziellen hierarchischen Position im Ökosystem kann er den Partnern nicht einfach befehlen, nötige Änderungen umzusetzen. Vielmehr muss er ihre Vorteile weiter wahren oder neu verhandeln, sollten sich Einschnitte infolge der Anpassungen nicht vermeiden lassen. Wegen dieser Agilitätsblocker werden Orchestratoren Änderungen am Wertversprechen tunlichst umschiffen.

Damit ist auch der siebte Mythos entlarvt: Wenn wir agile Produktentwicklung wollen, sind Innovationsökosysteme der falsche Weg. Im Gegensatz zu einem Verbund aus gleichberechtigten, unabhängigen Partnern kann sich eine Firma allein oder in einer Wertschöpfungskette leichter und schneller an die veränderten Bedürfnisse der Kunden anpassen. In einem Innovationsökosystem mit eingeführtem Wertangebot besteht das Ziel meist in der maximalen Monetarisierung. Weitere Iterationen würden nur mehr Koordinationsaufwand produzieren und den erhofften Ertrag schmälern.

Im dritten Teil des Buches werden wir genauer hierauf eingehen. Sie werden sehen, wie wir dennoch kundenorientierte Innovation in Ökosystemen realisieren können. Mit agiler Produktentwicklung hat das aber nichts zu tun.

Richten wir unser Augenmerk nun zunächst auf die strategischen Fragen rund um die Weichenstellung für Ihr optimales Business-Ökosystem.

II Die Strategie

Kluge Fragen für innovative Weichenstellungen

Zürich im Sommer 2019. Mit sonorem Schnurren erhebt sich die weiße Drohne von der Nordterrasse des Universitätsspitals in die Luft. Nirgendwo ist jemand mit Fernbedienung zu sehen, der den Quadrokopter steuert. Weil die Lieferdrohne völlig autonom fliegt. Ihr Ziel ist die zweieinhalb Kilometer entfernte Universität Zürich Irchel. In dem gelben Transportbehälter unter dem Fluggerät hängt eine wertvolle Ladung: Blutproben, die dringend zur Untersuchung ins Labor der Uni gebracht werden müssen. Nach vier Minuten landet der Flugroboter in der Winterthurerstrasse 190. Mission erfüllt!

Dieser Transport ist nicht nur deshalb besonders, weil er ein Menschenleben retten konnte. Bemerkenswert daran ist vor allem, dass er zu einer neuen Routine gehörte, welche **die Schweizerische Post** im Winter 2018/19 in Zürich, Bern und Lugano aufgenommen hatte: die Expresslieferung von Blutproben, Medikamenten und anderen eiligen medizinischen Gütern mithilfe von selbstfliegenden Drohnen des US-Herstellers Matternet. Von diesem neuen, für schweizerische Kliniken so wichtigen Lieferdienst können wir einiges über Business-Ökosysteme lernen.

Ehe die erste Drohne im Dienste der eidgenössischen Post abheben konnte, waren einige wichtige Fragen zu klären, um die es im zweiten Teil unseres Buches gehen wird:

- Welche Ziele verfolgen wir mit unserer Ökosysteminitiative?
- Welche Art von Ökosystem ist die richtige für mich?
- Wie weit entfernen wir uns von unserem Kerngeschäft?
- Wer wird anfangs der strategische Orchestrator sein?
- Wer hält das Ökosystem operativ am Laufen?
- Wie ordnen wir alles organisatorisch ein?
- Wie schaffen und vermehren wir unser Wissenskapital?
- Was für eine Infrastruktur benötigen wir für das alles?

Der zu den größten Arbeitgebern der Schweiz gehörende Logistikkonzern leistete sich mit Claudia Pletscher eine »Leiterin Entwicklung und Innovation«. Zu ihren Aufgaben gehörten der Aufbau und Betrieb neuer digitaler Geschäftsmodelle. Damit wollte die Post ihre Transformation an der Schnittstelle zwischen der physischen und der digitalen Welt vorantreiben. Dazu passt auch wunderbar die Auslieferung wichtiger Sendungen mit autonom fliegenden Drohnen.

Die gelernte Juristin Pletscher dachte bei solchen Innovationen an den sich verändernden Bedarf der Postkunden. Die Zeit, in der man den Zettel des Zustellboten im Briefkasten findet und sich zwecks Abholung der Sendung brav in der Postfiliale in die Warteschlange einreiht, ist Vergangenheit. Heute wollen Kunden ihr Paket am liebsten in den Kofferraum ihres Autos geliefert bekommen. Oder solange das noch nicht geht, irgendwo an eine 24/7-Paketstation, die an der Route zum Arbeitsplatz oder auf dem Heimweg liegt. Das wissen auch Amazon & Co.

»Entweder wir testen Innovationen, oder die Konkurrenz tut es«, erklärte Claudia Pletscher das große Interesse der Post an Innovationen, welche die Entwicklungen in Technik und Gesellschaft widerspiegeln. Das klingt pragmatisch und wie wir noch sehen werden, hat dieser Pragmatismus zu einem Innovationsökosystem geführt, das als Blaupause dienen könnte.

Gibt es einen Strategiebauplan?

Apropos Blaupause. Im Folgenden stelle ich Ihnen einen »Bauplan« vor, der alle relevanten Kernaspekte zur Entwicklung einer Ökosystemstrategie adressiert. Für den besseren Überblick haben wir diesen *Blueprint* zusammengefasst.

Der Strategiebauplan besteht aus fünf großen Blöcken. Im Zentrum stehen die fünf Elemente der Ökosystemstrategie, die von den Treibern, der Unternehmensstrategie, den Barrieren sowie der Integration in die Organisation sowie der Infrastruktur beeinflusst werden.

Die verschiedenen Rollen in einem Ökosystem, insbesondere die des Orchestrators, haben Sie im ersten Teil des Buches bereits kennengelernt.[1] Auch unter »Typ des Ökosystems« (fünfter Kasten des Strategiebauplans) können Sie sich schon etwas vorstellen.[2]

Wichtig: Die Reihenfolge dieser Erläuterungen entspricht nicht der Reihenfolge, wie Sie in der Praxis diese Themen definieren sollten. Sie werden ohnehin diesen Blueprint iterativ mehrfach durchgehen müssen, bis Sie ein stimmiges Gesamtbild für Ihre Ökosystemstrategie erreichen.

Rund um den zentralen Block unseres Blueprints sehen Sie Einflussgrößen, welche die Strategie maßgeblich prägen. Als Dach thront über allem die Unternehmensstrategie. Links sind die zwei wesentlichen Treiber oder Trigger aufgeführt, welche die Initiative zum Aufbau eines Ökosystems und die damit verbundene Strategie anstoßen. Rechts sind die Strategiebarrieren, die das Ökosystem eingrenzen oder sogar zum Scheitern bringen können. Ganz unten stehen die organisatorischen Rahmenbedingungen der Firma. Betrachten wir nun als Erstes den Einfluss der Unternehmensstrategie auf die Ökosystemstrategie.

---

1 Siehe Kapitel 3 und Abschnitt 4.5.

2 Siehe Abschnitt 1.2.1 und Abschnitt 1.2.2.

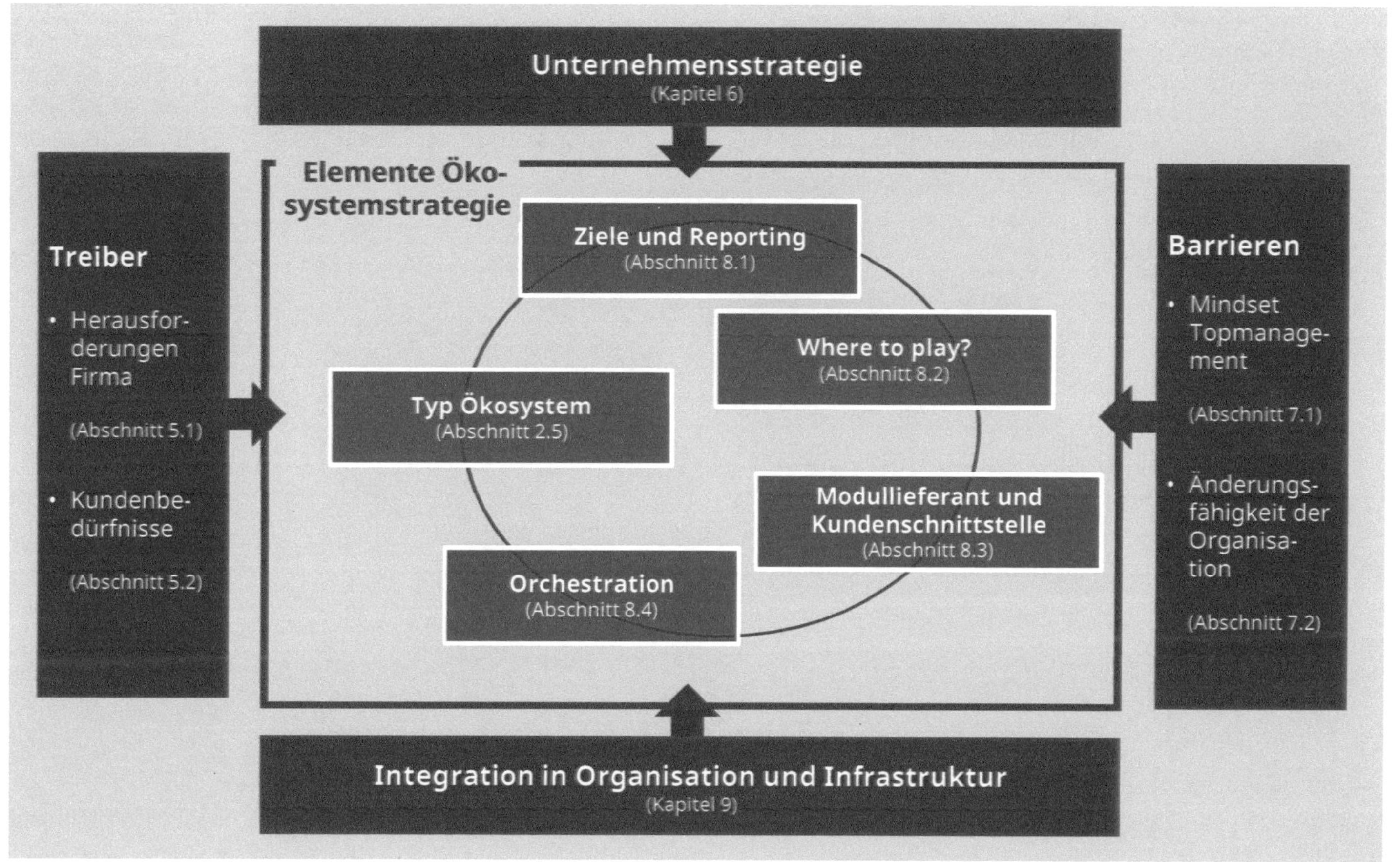

Der Blueprint zur Entwicklung einer Ökosystemstrategie

5 Treiber

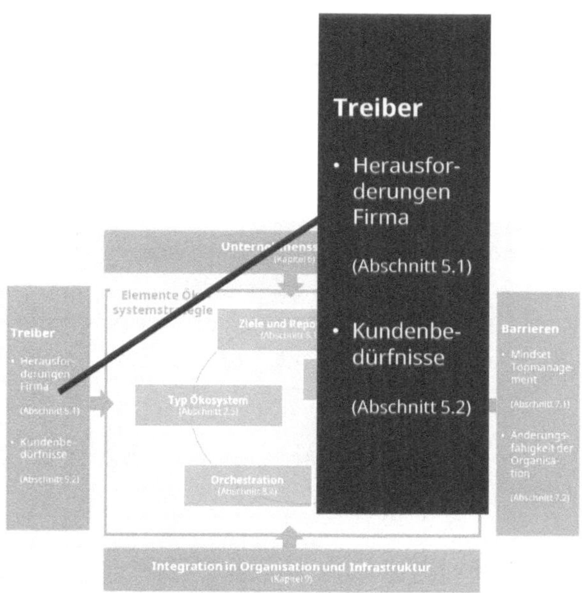

Der Strategiebauplan zeigt zwei Treiber oder Trigger, die den Initiator dazu bewegen, ein Business-Ökosystem aufzubauen: Herausforderungen der Firma und Kundenbedürfnisse

5.1 Herausforderungen der Firma

Niemand entwickelt ein Ökosystem nur zum Spaß. Ein möglicher Antrieb dafür können Herausforderungen oder Probleme der Firma sein. Vielleicht stagnieren die Umsätze in den bestehenden Geschäftsfeldern und eine Verbesserung ist nicht in Sicht.

Es könnte auch sein, dass sich der Vertrieb zunehmend vom Einzelhandel ins Internet verlagert, und das Unternehmen möchte sich die Kundenschnittstelle sichern. Oder ein Geschäftsmodell erodiert und ist daher nicht mehr zukunftsfähig. Solche Herausforderungen müssen nicht zwingend nur intern sein. Sie können auch durch veränderte Rahmenbedingungen in Gesellschaft, Wirtschaft oder Politik entstehen. Geschäftliche Ursachen, die eine Ökosysteminitiative anstoßen, gibt es viele. Sie sind so individuell wie die beteiligten Akteure.

5.2 Kundenbedürfnisse

Neben solchen Herausforderungen kann auch die Zielgruppe den Anstoß zu einer Ökosysteminitiative geben. So mögen Kunden neue Bedürfnisse entwickeln, die wir adressieren müssen, aber derzeit nicht können. Es können auch beide Trigger, ein veränderter Bedarf auf der Kundenseite und geschäftliche Probleme, die Initiative zum Aufbau eines Ökosystems auslösen. Beides beeinflusst sich gegenseitig. Wenn die Zielgruppe das Interesse an meinen Produkten verliert, weil sie nicht mehr zu ihrer Lebenswirklichkeit passen, wird der Umsatz einbrechen.

So kaufen heute nur noch wenige Taschenkalender aus Papier. Die meisten verwenden für ihre Terminplanung eine App auf dem Smartphone. Der Markt für gedruckte Kalender schrumpft und setzt den Hersteller unter Zugzwang. Er kann sich auf eine Marktnische wie teure Luxustaschenkalender beschränken oder sich mithilfe von Partnern ein neues Geschäftsfeld erschließen. So könnte er eine innovative Software zur Terminverwaltung entwickeln oder Onlinekurse für Selbstorganisation und Zeitmanagement anbieten.

Den oder die Treiber der Ökosysteminitiative zu kennen, ist Voraussetzung dafür, die Strategie richtig zu fokussieren.

6 Unternehmensstrategie

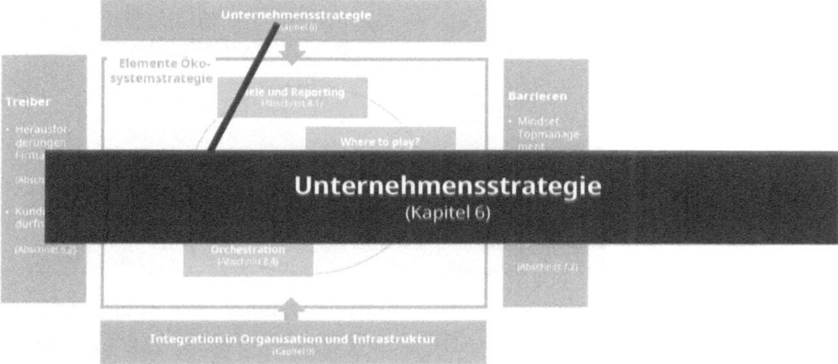

Jedes Ökosystem steht unter der Schirmherrschaft einer Unternehmensstrategie. Sie ist kein Bestandteil des Ökosystems, sondern bestimmt dessen Zielrichtung. Wenn wir diese Strategie einfach ignorieren, wird die Unternehmensführung früher oder später den Stecker ziehen.

Zur Strategie von Adidas gehörte die Vorgabe, Know-how und Rechte am geistigen Eigentum möglichst im eigenen Konzern zu halten. Deshalb realisierte Adidas die per 3D-Druck hergestellte Sohle inhouse. Das Unternehmen hat also bewusst etwa einhundertmal mehr Kosten auf sich genommen, um nicht von externen Partnern abhängig zu sein. Es konnte sich diese Investition als zweitgrößter Sportartikelhersteller der Welt leisten. Für das Zwei-Mann-Team von Tailored-Fits dagegen war ein Innovationsökosystem der einzig gangbare Weg.

Ob ein Unternehmen in Eigenregie entwickelt oder mit Partnern, ist nicht nur vom Wertversprechen abhängig, es ist vor allem auch eine strategische Entscheidung.

Anderes Beispiel: Nehmen wir an, Paul ist Innovationsmanager in einem Energiekonzern, der sich in Sachen Umweltschutz früher nicht gerade mit Ruhm bekleckert hat. Das soll sich jetzt ändern, auch durch innovative Angebote abseits des Kerngeschäfts. Der Vorstand ist offen für digitale Produkte, die mit Energie höchstens am Rande zu tun haben. Für solche neuen Vorhaben hat die Unternehmensleitung die Prämisse »Nachhaltigkeit vor Wachstum« herausgegeben. Sie betrachtet Umwelt- und Klimaschutz als Teil der angestrebten Transformation weg vom »Schmutzfink« der Branche, hin zu einem ökologisch und sozial verantwortungsvoll handelnden Konzern.

Jetzt kommt Paul um die Ecke und erzählt den Vorständen, dass Energie beim Generieren neuer Bitcoins und anderer Kryptowährungen ein Schlüsselfaktor ist. »Da könnten wir als Stromproduzent und -lieferant doch glaubhaft eine digitale Plattform zur Auswahl und zum Handel solcher Währungen an den Markt bringen«, schlägt er vor.

Das Gesicht des CEO, nennen wir ihn Dr. Rütli, zeigt nicht gerade viel Begeisterung. »Kennen Sie die Coroamă-Studie?«, fragt er Paul.

»Corona-Studie?«, echot Paul. »Was hat Covid-19 mit Kryptowährungen zu ...?«

»Dr. Vlad *Coroamă* von der ETH Zürich«, fällt Dr. Rütli ihm unwirsch ins Wort, »hat im Auftrag des Bundesamts für Energie eine Studie zum Stromhunger von Blockchains durchgeführt. Hätten Sie den Schlussbericht gelesen, wüssten Sie, dass der Energieverbrauch der Bitcoin-Währung pro Jahr bei 100 Terawattstunden liegt – das Doppelte des jährlichen Stromverbrauchs der Schweiz. Was genau an unserer Konzernstrategie ›Nachhaltigkeit vor Wachstum‹ haben Sie nicht verstanden, Herr ...?«

An dieser Stelle wollen wir uns einmal ausblenden, weil der Punkt, um den es hier geht, klar geworden sein sollte. Pauls Wertangebot mag ein großes Umsatzpotenzial bieten und auch zukunftsfähig sein. Der Punkt ist nur der, dass die Idee nicht zur Unternehmensstrategie passt.

Bevor Sie daher ein Ökosystem zu planen beginnen, werfen Sie einen Blick in den Blueprint, den oben gezeigten Bauplan. Das wird Sie daran erinnern, sich die Unternehmensstrategie und die darauf einwirkenden Einflüsse noch einmal genau anzusehen. Vielleicht gilt die Kundenbindung in Ihrer Firma ja als das Nonplusultra. Oder die ehrgeizige Ambition, mit jedem neuen Produkt an die Spitze des Premiumsegments vorzustoßen. Selbst wenn es kein offizielles Strategiepapier gibt, existiert in aller Regel trotzdem eine Firmen- oder Konzernstrategie. Spätestens der CEO wird sie Ihnen erläutern können und sie letztlich auch verantwortlich vertreten. Wenn der oberste Boss das nicht kann, wer dann?

Eine Unternehmensstrategie muss nicht in Stein gemeißelt sein. Durch ein Business-Ökosystem mögen sich ganz neue Möglichkeiten eröffnen, die mit der bisherigen Strategie unvereinbar sind. Wenn die Geschäftsleitung etwa einen klaren Fokus auf das Kerngeschäft beschlossen hatte, mag sie dabei an die vorhandenen, begrenzten Ressourcen gedacht haben. In einem Innovationsökosystem kann die Firma nun aber auf das zusätzliche Know-how von Partnern zugreifen, ohne dieses kostenintensiv im eigenen Haus auszubauen.

Da Ökosysteme nach wie vor ein neues Phänomen sind, werden diese Gesichtspunkte bei der Entwicklung von Unternehmensstrategien oft nicht beachtet. Die Rolle eines Ökosystemexperten besteht somit auch darin, der Unternehmensleitung die Möglichkeiten des neuen Konzepts aufzuzeigen. Daher gilt immer:

Die Strategie zum Ökosystem muss in Einklang stehen mit der Unternehmensstrategie. Ökosystemprojekte sind keine U-Boot-Projekte.

Anpassungen der Unternehmensstrategie dürfen aber nie dadurch erfolgen, dass der Innovationsmanager mit einem Ökosystem vollendete Tatsachen schafft. Er sollte sich das Vorhaben immer erst durch die Geschäftsleitung absegnen lassen, nötigenfalls nachdem sie die Unternehmensstrategie angepasst hat. Wieso ist das so wichtig? Weil in einem Innovationsökosystem alle Partner voneinander abhängig sind und daher auch alle voll mitziehen müssen. Das geht nur, wenn das Topmanagement der Partner versteht, um was es geht, wenn Ressourcen verfügbar sind und die jeweilige Organisation sich so einbringt, wie der Ökosystemmanager sich das vorstellt. Auch bei Plattformökosystemen ist die Geschwindigkeit essenziell, um möglichst schnell die kritische Masse zu erreichen und zur dominanten Plattform zu wachsen.

Keine Firma ohne Unternehmensstrategie

Mein Kunde, der Leiter Ökosysteme eines Großunternehmens der Finanzindustrie, meinte, seine Firma habe keine kommunizierte Unternehmensstrategie. Sie könnten daher diese Strategie auch nicht als Grundlage für die Ökosystemstrategie nehmen. Im Workshop zeichnete ich daher die Eckpunkte einer jeden Strategie auf eine Metaplanwand: 1. Ziele und Vision des Unternehmens, 2. Kerngeschäftsfelder, 3. Ansätze und Leitlinien, wie man in diesen Feldern die Ziele erreichen möchte, 4. Letzteres inkl. der Einheiten, die hierfür verantwortlich sind (Organisation). Dann habe ich die Ökosystemmanager gebeten, diese Eckpunkte auszufüllen, so, wie sie glauben, dass es die Firmenstrategie sei. Sie konnten in kurzer Diskussion all diese Felder klar ausfüllen – basierend auf ihren Erfahrungen aus früheren Diskussionen mit dem Topmanagement und früheren Entscheidungen zu ihren Innovationsvorhaben.

Implikation: Jede Firma hat eine Firmenstrategie, an der man seine Ökosystemvorhaben ausrichten kann bzw. muss. Und selbst wenn diese Strategie nicht klar kommuniziert wird, ist sie dennoch meist bekannt oder implizit kommuniziert über frühere Entscheidungen und Gespräche. Kennt man sie jedoch als Innovationsmanager wirklich nicht und könnte diese beschriebene Übung im Workshop daher nicht umsetzen, dann denkt man entweder nicht strategisch oder man hat keinen tieferen Kontakt mit dem Topmanagement. In diesem Fall ist man aber höchstwahrscheinlich auch nicht der Richtige, um ein strategisches Innovationsprojekt wie ein Ökosystem zu verantworten!

7 Barrieren

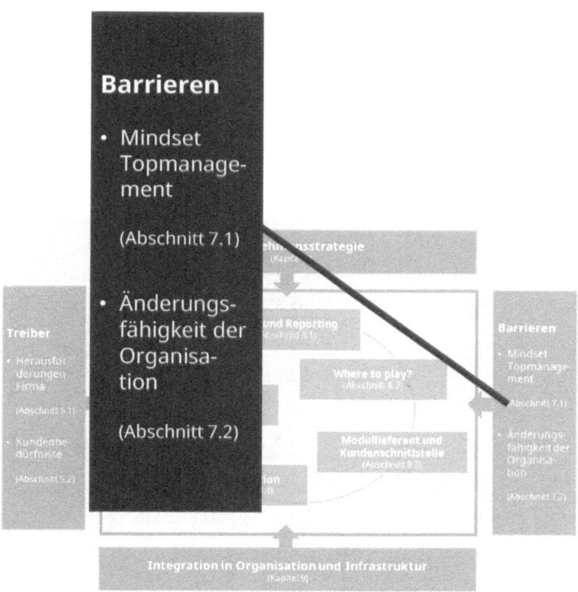

Wenn die Treiber der Auslöser sind für die Ökosysteminitiative und die Unternehmensstrategie das Dach bildet, sind die Barrieren die störenden oder bremsenden Einflüsse. Die zwei wichtigsten Strategiebarrieren sind das Mindset des Topmanagements und die Änderungsfähigkeit der Organisation.

7.1 Mindset des Topmanagements

Dass eine **Unternehmensstrategie** das Business-Ökosystem wie in einer Zwangsjacke einengen kann, haben wir bereits gesehen. Zwar kann die Strategie nachträglich angepasst werden, um dem Ökosystem mehr Spielraum zu geben, doch dafür muss das Topmanagement auch mal über den eigenen Schatten springen.

Wenn in der Geschäftsleitung eine Denkweise vorherrscht, die mit der Ökosystemstrategie völlig über Kreuz liegt, wird es schwierig, die Initiative ins Rollen zu bringen. In unserem Strategiebauplan für Ökosysteme sehen wir deshalb rechts den Einflussfaktor **Mindset Topmanagement**.

Man könnte meinen, die Unternehmensstrategie stehe immer im Einklang mit dem Mindset des Topmanagements – schließlich hat es diese ja selber entwickelt oder zumindest abgesegnet. Aber in der Praxis ist dem selten so. Es schreibt sich leicht etwas Innovatives in den Strategieentwurf des Ökosystems. Wenn es dann aber an die Umsetzung geht und erster Gegenwind aufkommt oder die ersten Innovationsinitiativen scheitern, bekommt die Geschäftsleitung gerne kalte Füße.

Oft ändern sich auch Rahmenbedingungen, zum Beispiel stärkere Widerstände im Aufsichts- oder Verwaltungsrat oder eine schlechte Stimmung in der Belegschaft. Schon oft durfte ich beobachten, wie einzelne Geschäftsleitungsmitglieder dann »umkippen« – plötzlich ist der einst so innovative CFO ein Reaktionär, der eisern das Geld zusammenhält und Innovation für Verschwendung hält. Das ist verständlich. Wenn z. B. ein CEO jahrelang im Aufsichts- oder Verwaltungsrat erklären muss, wieso die Firma Millionen für riskante Innovationsinitiativen ausgibt und vielleicht sogar deswegen öffentlich angezählt wird, kostet das Kraft. Und irgendwann geht er dann doch den Weg des geringsten Widerstands.

In vielen Firmen, die ich in meiner Beratungspraxis begleiten durfte, stand das Topmanagement auch nicht einhellig hinter allen Eckpunkten der Strategie. Es gibt meistens »Abweichler« oder Personen, die insgeheim dagegen waren. Wie jeder Mensch sind auch Topmanager geprägt von ihrem Wissen, ihren Erfahrungen, ihrem Werdegang und ihrem aktuellen Umfeld. Was sie als Wirklichkeit sehen, ist ein mentales Modell von der Welt im Allgemeinen und der Geschäftswelt im Besonderen. Das führt zu einer Perspektive, die dem Blickwinkel des Innovationsmanagers oft völlig entgegensteht. Ein CFO beispielsweise kommt im Regelfall aus dem Controlling oder Risikomanagement. Er hat dort über Jahre hinweg ein Mindset entwickelt, das jedes Risiko und jede Ausgabe sehr kritisch sieht.

Und nicht selten kannte das Topmanagement die Strategie auch überhaupt nicht – das war dann dieser Foliensatz, den irgendein Vorgänger mal für teuer Geld von einer Beratungsfirma eingekauft hatte und den eh keiner versteht.

Es gibt viele Gründe, wieso die Unternehmensstrategie nicht im Einklang mit dem Mindset des Topmanagements stehen muss. Daher sollte jeder Innovations- oder Ökosystemmanager sich die Fragen stellen, wer im Topmanagement sitzt und welches Mindset und welche Ziele diese Personen ganz individuell haben.

Es empfiehlt sich beispielsweise, eine kleine Stakeholder-Landkarte zu zeichnen und sich für jede Person im Topmanagement individuelle Ziele, Pain Points und auch die Denkweisen und Ansichten zu notieren. Sind diese unbekannt, lohnt sich eine Recherche – ein kleiner Kaffee mit den Vorstandsassistenten wirkt manchmal Wunder. Oder ein Blick auf die Abteilung, die ein Topmanager vor dem Aufstieg in den Vorstand geleitet hat. Aus einer solchen Übersicht versteht man sehr schnell, welche Topmanager potenzielle Opponenten der Ökosysteminitiative sind, aber auch, wen man als Unterstützer gewinnen kann. Dieses Denken klingt vielleicht sehr politisch. Aber es zeigt sich immer wieder: Wenn eine Innovationsinitiative nicht im Einklang mit dem Mindset des Topmanagements steht, wird sie nicht lange leben. Daher muss ein Ökosystemmanager das Mindset des Topmanagements kennen.

Widerstände im Chemiekonzern

Der Auftraggeber für ein Ökosystemprojekt war ein großer Chemiekonzern. Die Unternehmensstrategie sah ein Wachstum in das Feld Batterierecycling für Akkus von batterieelektrischen Fahrzeugen vor. Meine Ansprechpartner hatten die Aufgabe, diese Strategie über ein Ökosystemprojekt voranzutreiben. Gemeinsam konnten wir ein Ökosystemvorgehen entwerfen, das voll kompatibel mit dieser Strategie war. Dennoch gab es erheblichen Widerstand im Topmanagement: Einzelne Vorstände sahen nicht ein, wieso die Firma als Chemieunternehmen in den Bereich Mobilität eintreten sollte (obwohl dies in der Strategie verankert war, die sie selber verabschiedet hatten). Dieser Kurs entsprach nicht ihren Vorstellungen eines Chemieunternehmens. Das größte Problem war aber: Chemieunternehmen denken stark in Auslastung von Produktionsanlagen. Da ein Plattformökosystem verwendet werden sollte, hätte man jedoch eigene Auslastung abgeben müssen an andere Firmen, ggf. sogar an Konkurrenten. Für einzelne Topmanager war dies undenkbar, es lief gegen alles, was sie je gelernt hatten. Obwohl der Ökosystemansatz somit vollständig aus der Unternehmensstrategie abgeleitet war, wurde er von einzelnen Managern stark bekämpft und fast zum Scheitern gebracht.

Implikation: Genauso wichtig wie die Unternehmensstrategie sind das Mindset und die individuellen Ziele der Topmanager. Wer strategische Innovationsvorhaben leitet, muss daher immer einen Überblick über das Mindset und die individuellen Ziele der wichtigsten Stakeholder haben.

7.2 Änderungsfähigkeit der Organisation

Auch die zweite Strategiebarriere, die mangelnde Fähigkeit der Organisation, sich zu verändern, kann sich als ernstes Hemmnis erweisen. Diese Form der Unbeweglichkeit ähnelt sehr der Mindset-Barriere des Topmanagements, nur entspringt sie nicht dem Kopf der Führungskräfte, sondern den organisatorischen Strukturen des Unternehmens. Die Organisation kann so old school sein, dass sie sich nicht ohne radikale Eingriffe an das Ökosystem anpassen lässt.

Auch das Wissen und die Erfahrungen der Mitarbeiter mögen einem Umbau des Unternehmens im Sinne eines innovativen Ökosystems im Wege stehen. Diesbezüglich beleuchten wir später noch die »Theorie der lernenden Organisation« und den Fachbegriff der *Absorptive Capacity*.[1]

Im Gegensatz zum Topmanagement, das wir nicht einfach umgehen können, muss die mangelnde Veränderbarkeit der Organisation nicht das Aus für das Ökosystem bedeuten. Dessen Initiator kann die Kundenschnittstelle oder die Entwicklung eines wichtigen Moduls auch an einen anderen Partner übergeben. Dann halten sich die Änderungen in der Organisation des Initiators in Grenzen und die Barriere ist aus dem Weg geräumt.

Widerstände im Versicherungsunternehmen

Ein Ökosystemansatz in einem großen Versicherungsunternehmen zielte darauf ab, Versicherungen in die Leistungen von Start-ups zu integrieren und somit über diesen neuen Kanal zu verkaufen. Sobald diese Initiative publik wurde, entstanden Unruhe und Widerstand in der Firma. Ursache: Die Agenten hörten, dass Versicherungen nicht mehr über sie, sondern im großen Stil über andere Kanäle verkauft werden sollten. Sie fürchteten, dass dies weniger Umsatz und damit weniger Bonus für sie bedeuten würde. Oder dass sie im schlimmsten Fall sogar redundant geworden wären. Dieser Widerstand brachte die Initiative fast zum Scheitern bzw. verzögerte sie stark, da die Agenten für den Großteil des aktuellen Umsatzes (der ja über sie lief) verantwortlich waren und somit große Macht hatten. Abhilfe brachte die Einbindung der Agenten in die Initiative, wodurch ihnen aufgezeigt werden konnte, dass Versicherungen unvermindert über sie verkauft werden würden und dass sie sogar weitere Kundenleads dank der Initiative gewinnen würden.

[1] Siehe Abschnitt 9.2.

Nehmen Sie die Widerstände der Organisation ernst und erstellen Sie z. B. ein Organisationsradar oder eine Stakeholder-Map, um mögliche Widerständler frühzeitig zu identifizieren. Und dann überlegen Sie, wie Sie solche Opponenten mit ins Boot holen, oder stellen Sie sich frühzeitig auf den Widerstand dieser Opponenten ein – z. B. mit einem Kommunikationsplan. Manchmal kann man diese Widerstände bei der Transformation von Geschäftsmodellen nicht verhindern. Aber zumindest muss man sie dann antizipieren und nicht blind in sie hineinlaufen!

8 Elemente der Ökosystemstrategie

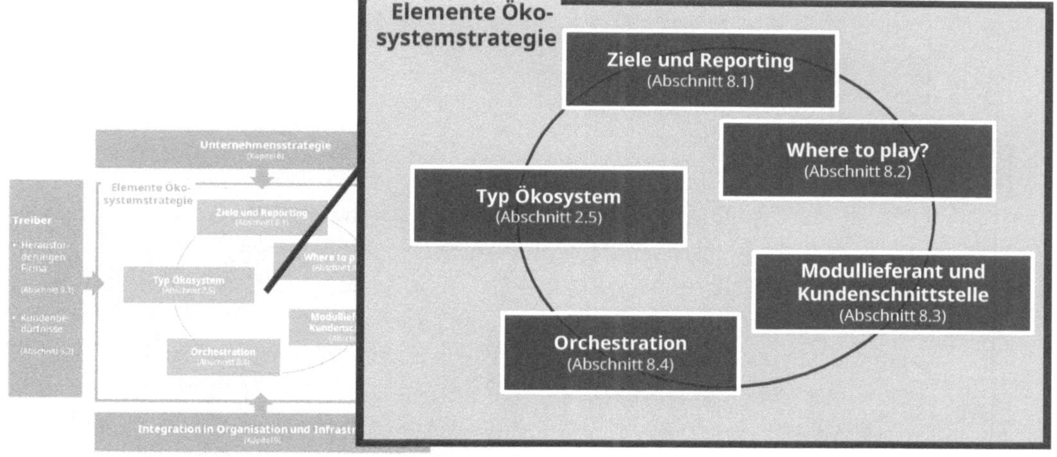

In der Mitte des Blueprints stehen die Kernelemente der Ökosystemstrategie

Die Blaupause für unsere Ökosystemstrategie ist keine Einbahnstraße, sondern ein interaktiver Prozess. Er mündet in möglichst robuste strategische Vorgaben, die dem Ökosystem auf dem Fundament der Unternehmensstrategie Stabilität verleihen sollen.

Ein Sprichwort aus Tansania besagt: »Der Wind bricht nicht den Baum, der sich biegt.« Solche Flexibilität steht auch den Unternehmensstrategen gut zu Gesicht, gerade und besonders im Hinblick auf Business-Ökosysteme. Ihnen sollte immer bewusst sein, dass Anpassungen der Strategien nötig sein könnten, um veränderte Umstände erfolgreich zu meistern. Überdies ergeben sich aus dem Ökosystem selbst neue, bisher vielleicht undenkbare Möglichkeiten, aus denen Chancen erwachsen. Solche Chancen kann aber nur derjenige nutzen, der anpassungsfähig ist.

Nutzen Sie den vorgestellten Bauplan dafür, eine sinnvolle Strategie für Ihr Business-Ökosystem zu entwerfen. Sobald Sie tiefer in die Planung eintauchen, werden weitere Fragen zu Ihren innovativen Weichenstellungen aufkommen.

8.1 Ziele und Reporting

8.1.1 Ziele des Ökosystems und dazugehörige Kommunikation

Ziele stehen bei den Elementen der Strategie ganz oben. Wieso brauchen wir im Rahmen unserer Ökosystemstrategie aber überhaupt spezifische Ziele?

Die Unternehmensstrategie orientiert sich an Zielen: Visionen, Ambitionen und konkrete Vorgaben. Das Ökosystem sollte diese übergeordneten Leitlinien umsetzen und stützen.

Ein weiterer Grund für spezifische Ziele des Ökosystems ist das zu definierende Nutzen- oder Wertversprechen der Initiative. Wenn wir dazu ein Brainstorming veranstalten oder auf andere Art nach Ideen suchen, dann müssen wir aus allen Vorschlägen die am besten geeigneten auswählen. Auch im späteren Verlauf eines jeden Innovationsvorhabens ergibt sich immer wieder die Frage, auf welche konkrete Innovation oder Value Proposition man sich nun fokussieren sollte. Wie geht man dabei vor? Anschaulich gelingt dies durch eine Gegenüberstellung der zu erwartenden Nutzenaspekte mit den Risiken in einem Nutzen-Risiko-Diagramm (Bild 8.1).

Grob lässt sich diese Matrix in vier Feldern darstellen. Unten links landen alle Ideen, die ein geringes Risiko, aber auch wenig Erträge oder Vorteile versprechen – sozusagen die »Low Hanging Fruits«. Wertversprechen mit hohem Risiko und großem Ertragspotenzial sind dementsprechend in das Feld oben rechts einzutragen. Hier finden wir strategische Innovationsprojekte und im Regelfall Ökosysteminitiativen. Das Element unten rechts (hohe Risiken, geringer Vorteil) dürfte in den meisten Fällen uninteressant sein. Besonders attraktiv sind dagegen Wertangebote, die bei geringen Risiken einen hohen Nutzen versprechen – unsere Lieblingsprojekte oben links.

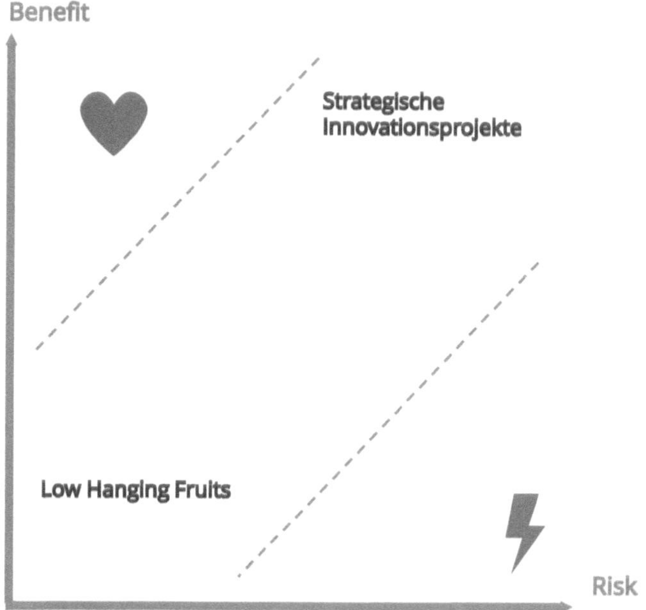

Bild 8.1 Nutzen-Risiko-Diagramm *(Risk-Benefit-Matrix)*

Dieses Schema bietet einen ersten Anhaltspunkt, um beispielsweise in einem Brainstorming relevante Wertversprechen vorzuselektieren. Im weiteren Verlauf des Auswahlverfahrens wird man dann die vielversprechendsten Kandidaten weiter auf (möglicherweise versteckte) Risiken und auf ihr Chancenpotenzial hin analysieren. Je weniger Kandidaten noch im Rennen sind, desto seltener wird man die Matrix nutzen. Ihre Grundlogik hingegen, die Gegenüberstellung von Risiko und Nutzen, wird man zumindest implizit stets heranziehen.

Das Risiko ist die erwartete Investition multipliziert mit der Wahrscheinlichkeit, dass dieses Investment scheitert. Der Nutzen ergibt sich aus den Zielen der Innovations- oder Ökosysteminitiative. Kennen wir diese Ziele nicht, dann wird es schwer, einen relevanten Nutzen oder Vorteil zu beschreiben und passende Wertversprechen auszuwählen. Ohne Ziel gibt es auch keine Ziellinie: Es lassen sich also keine Kennziffern oder andere Kriterien festlegen, die sagen, ob die Initiative erfolgreich ist.

Um konkrete Ziele oder Vorteile für ein Business-Ökosystem zu definieren, starten Sie am besten bei den Zielen der Unternehmensstrategie und brechen diese dann anhand sachlicher Kriterien herunter. Welchen Anteil der Unternehmensziele kann die Initiative also realistischerweise umsetzen? Bis wann wird das möglich sein? Das Definieren der Vorteile gelingt leichter mithilfe einer einfachen Struktur. Sie besteht typischerweise aus folgenden vier Blöcken oder Zielfeldern:

- **Finanziell:** mehr Umsatz, mehr Liquidität, weniger Fremdkapital, niedrigere Kosten, Gewinnoptimierung etc.
- **Strategisch:** bessere Positionierung gegenüber dem bestehenden oder künftigen Wettbewerb (Vertriebskanäle besetzen, Fokus auf schwer kopierbare Produkte etc.)
- **Kunden:** neue Kunden gewinnen oder bestehende besser binden (z. B. durch Produkte mit Lock-in-Effekten, Zusatzleistungen oder kompetitiven Preisen)
- **Technik & Know-how:** Aufbau von technologischen oder sonstigen Kompetenzen, durch die wir uns vom Mitbewerb abheben, ggf. auch im Kontext der Transformation des Unternehmens

Finanzielle, strategische, kundenspezifische und/oder auf die Technik bezogene Ziele festzulegen, ist eine wertvolle Grundlage für die Strukturierung des Ökosystems. Damit können Sie fundierter entscheiden, auf welche Ideen, Innovationen und andere Themen hin Sie es optimieren wollen. Wenn Sie die klare Vorgabe 5 % Umsatzwachstum ausgeben, muss ein angemessener Teil der Innovationen auch darauf abzielen.

Grundsätzlich sind Überlappungen möglich, ein Business-Ökosystem kann also auf mehrere oder sogar alle vier Arten von Zielen einzahlen. In diesem Fall sollten wir die einzelnen Unterziele mit Prioritäten versehen. So lässt sich leichter abwägen, ob sie im erforderlichen Umfang zum angestrebten Vorteil beitragen.

In einer vornehmlich ökonomisch ausgerichteten Organisation sind Ziele bezüglich Umsatzwachstum und Mehrwert für die Kunden prädestiniert. An solchen Finanzzielen ist gut erkennbar, inwiefern die Art des Ökosystems in die Zielsetzung hineinspielt. In einem Innovationsökosystem etwa muss der Initiator weniger investieren, da es die Entwicklungslast auf die Schultern mehrerer Partner verteilt. Mit einem starken Wertangebot sind außerdem hohe Erträge zu erwarten. Allerdings erhöht sich durch die größeren Abhängigkeiten zugleich das Risiko des Scheiterns, was zu einem Totalausfall der Investition führen könnte. In der Gesamtabwägung sollte das Risiko trotzdem geringer sein, als wenn ein Unternehmen alles allein stemmt.

Anhand der gezeigten Zielfelder lassen sich die Vorteile des Ökosystems über die reinen Finanzaspekte hinaus differenziert bewerten. So kann unter anderem die Frage geklärt werden, wie die Ziele aus Kundensicht oder im Hinblick auf die Konkurrenz die Wichtigkeit des Unternehmens und seine Stärke beeinflussen.

8.1.2 Reporting: Vertrauen ist gut, Kontrolle ist besser

Es ergibt wenig Sinn, für das Ökosystem spezifische Ziele festzulegen, ohne unsere Entwicklungsfortschritte und die Zielerreichung anhand konkreter Kennziffern und Kriterien zu dokumentieren. Nur darauf zu vertrauen, dass die geniale Geschäftsidee zünden wird, ist aus unternehmerischer Sicht keine kluge Strategie. Schon der Nicht-Kapitalist Lenin sagte: »Vertrauen ist gut, Kontrolle ist besser.« Das gilt umso mehr in einem gewinnorientierten Unternehmen.

Wann ist ein Ziel erreicht? Passt der Weg dahin? Setzen Sie auf klare Messkriterien und nutzen Sie Kennzahlen!

Was wir brauchen, ist also ein Reporting, aussagekräftige Berichte für die Geschäftsleitung. Im Kontext von Innovationen geht es dabei aber um mehr als nur um Kontrolle. Der Verantwortliche für die Neuentwicklungen will das Topmanagement auch bei Laune halten – und ihm aufzeigen, dass die Initiative auf einem guten Weg ist. Hierfür möchte ich Ihnen nun kurz eine elegante Methode vorstellen, die sich in vielen Firmen bewährt hat. Um der Wahrheit (und dem Erfinder) die Ehre zu geben, möchte ich erwähnen, dass ich sie von Dr. Steffen Gackstatter, Partner bei der Unternehmensberatung Roland Berger, abgeschaut habe. Sie gründet auf folgender Überlegung: Innovationsprozesse dauern oft lang. Die Entwicklung, die zum fertigen Wertangebot führt, bindet Personal und andere Ressourcen. Das alles verursacht Kosten, denen zunächst keine Erträge gegenüberstehen. Bis es so weit ist (oder das Projekt scheitert), vergehen oft Jahre. Für die Innovationsmanager ergibt sich daraus die Herausforderung, sich das Wohlwollen des tendenziell eher auf kurzfristige Erfolge geeichten Topmanagements über eine lange Durststrecke hinweg zu erhalten.

Hierauf gründet die Logik hinter dem hier vorgestellten Ansatz für das Reporting. Dabei geht es nicht primär darum, harte Zahlen wie den Umsatz zu berichten, sondern auch Zwischenziele wie den sogenannten *Throughput* in Relation zum *Input*.

Ersterer, der Durchsatz oder die Durchsatzleistung, spiegelt sich in den Aktivitäten, die sich in den Antworten auf folgende Fragen dokumentieren lassen:

- Wie viele Kunden haben wir befragt?
- Wie viele Ideen haben wir entwickelt?
- Wie viele davon haben wir validiert?
- Welche Prototypen sind entworfen worden?
- Welche Ergebnisse haben die Befragungen erbracht?
- Wie viele potenzielle Partner haben wir analysiert?

Das sind nur ein paar Beispiele zum Durchsatz. Der Bericht an das Topmanagement kann, hübsch aufbereitet, alles dokumentieren, was zum Arbeitsfortschritt im Ökosystem beiträgt und damit zur Erreichung der definierten Ziele.

Zwischenziele helfen, sich auch langfristig die Unterstützung des Topmanagements zu sichern.

Zum Input gehören die Ressourcen, die man bisher in das Business-Ökosystem gesteckt hat:

- Finanzmittel (Budget)
- Anzahl der Mitarbeiter
- Menge der Arbeitsstunden
- etc.

Ein Bericht, der messbare Details zu den beiden Aktivitätsfeldern aufführt, macht das Ökosystem für die Geschäftsleitung greifbar. Es ist dann nicht einfach nur ein schwarzes Loch, in das man Geld hineinwirft, sondern ein dynamisches System, das sich ständig weiterentwickelt. Durch diese Art des Reportings können wir überdies den Durchsatz und den Input miteinander in Beziehung setzen. Wir vermögen also besser zu beurteilen, ob unser Tun in einem vernünftigen Verhältnis zu dem steht, was wir in die Initiative hineinstecken.

Präsentieren Sie das Ökosystem als ein lebendiges System, das sich fortlaufend weiterentwickelt. Setzen Sie dabei das Erreichte in Beziehung zum Input.

Die Botschaft ist also: Liebes Topmanagement, im zweiten Jahr haben wir die Umsatzziele immer noch nicht erreicht. Das war auch absehbar, der Aufbau ist ja auch auf fünf Jahre angelegt. Aber wir haben vieles unternommen, das uns den Zielen näherbringt. Diese Aktivitäten sind in Menge und Qualität angemessen angesichts dessen, was wir ins Projekt hineingesteckt haben.

Diese Methodik des Reportings beinhaltet ferner eine »horizontale Logik«: Sie kann den Blick über die harten finanziellen Sollvorgaben und andere betriebswirtschaftliche Ziele hinaus erweitern. Das ist wichtig, weil wir im Geschäftskontext meist auf diese harten Ziele getrimmt sind. Aber ein Innovationsprojekt bietet viel mehr als das: So hat eine Innovation in aller Regel einen Marketingeffekt. Die Schweizerische Post etwa wird innovativer wahrgenommen, seit sie autonom fliegende Drohnen eingesetzt hat.

Achten Sie auch auf weitere Effekte, wie ein gestiegenes Medieninteresse oder ein erhöhtes Employer Branding.

Einen Marketingchef dürfte daher interessieren, wie viele Medienberichte es über die Innovation gegeben hat. Als die *FAZ* und andere Medien im Juni 2023 darüber berichteten, dass Mercedes Benz als erster Hersteller in Kalifornien – noch vor Tesla – ein »automatisiertes Fahrsystem« verkaufen darf, war das ein Triumph für die Marke.

Eine immer größere Bedeutung gewinnt in Zeiten zunehmenden Fachkräftemangels überdies die Employer Branding, also die Attraktivität eines Unternehmens als Arbeitgeber. Vor allem jüngere, hoch qualifizierte Arbeitnehmer beachten heute verstärkt, ob ihr zukünftiger Brötchengeber »coole Sachen macht« oder ob er wichtige Trends verschläft. Mit Blick darauf kann sich die Zahl der an Universitäten und Fachschulen gehaltenen Vorträge und Präsentationen als ein wertvoller Zusatznutzen des Ökosystems erweisen. Und da in einer Ökosysteminitiative neue Methoden wie beispielsweise Design Thinking angewendet und auch neue Kompetenzen erworben werden, könnte dieser Aspekt auch einen Head of HR oder Head of Transformation interessieren. Eine wichtige Kenngröße wäre dann, wie viele Mitarbeiter im Rahmen der Initiative welche neuen Methoden erlernt haben.

Es kann sich also lohnen, beim Entwurf eines Business-Ökosystems mehr als harte Finanzziele ins Auge zu fassen. Wieso nicht in einem Workshop mit dem Head of Marketing oder dem Human-Resources-Leiter herausarbeiten, inwiefern die Ökosysteminitiative auch auf ihre Ziele einzahlen kann? Dadurch gewinnen wir weitere Unterstützer, die vielleicht sogar zusätzliches Budget für die Initiative loseisen.

Reporting-Methoden wie die hier kurz angerissene Logik helfen also dabei, den Fortschritt für das Topmanagement auf motivierende Weise zu dokumentieren.

Wertvolle Unterstützer beim Maschinenbauer

Ein Kunde für ein Beratungsprojekt im Kontext digitale Innovation war ein mittelständischer deutscher Maschinenbauer. Der Projektleiter verwendete auf meine Anregung hin die beschriebene Reporting-Methode. Hierfür machte er ein Brainstorming zu potenziellen Stakeholdern und führte dann mit allen von ihnen bilaterale Gespräche durch. Das Ergebnis war großes Interesse, vor allem vom Leiter HR, Leiter Marketing und Leiter Personalentwicklung. Mit diesen definierte er individuelle Ziele für die Initiative. Dies führte zwar zu mehr Aufwand für ihn, jedoch war dieser Aufwand klein im Vergleich zum Gesamtaufwand des Projekts. Vor allem aber gewann er so einige wertvolle Unterstützer, die dem Vorstand gegenüber für die Initiative eintraten. Gleichzeitig erhöhte dies aber auch den Wert der Initiative für die Firma und ließ somit weitere Argumente entstehen, das Projekt umzusetzen, auch wenn es phasenweise Rückschläge mit der Innovation gab.

8.2 Where to play?

Beim »Where to play?« geht es um die Innovationsfelder. Diese definieren, da es in dem Blueprint zunächst nur um Strategien geht, noch keine konkreten Wertangebote, sondern nur den Fokus des Ökosystems. Im Beispiel der Schweizerischen Post liegt dieser auf der Verschmelzung des klassischen Kerngeschäfts mit zukunftsweisenden Digitaltechniken wie KI und eben auch Lieferdrohnen. Die Post will also erklärtermaßen nicht in postfremden Märkten innovieren, sondern ihre klassischen Leistungen einerseits modernisieren und andererseits durch Hinzunehmen bisher nicht möglicher Services expandieren.

Die Innovationsfelder stecken somit den Claim ab, in dem für das konkrete Ökosystem nach neuen Nutzenversprechen gesucht werden soll. Oder, um es in der Fußballsprache auszudrücken: Welche Räume auf dem Feld bespiele ich? Bewege ich mich ausschließlich in meinem Kerngeschäft? Dehne ich meine Aktivitäten auch auf angrenzende Geschäftsfelder aus? Oder wage ich mich an Themen heran, die weit abseits meines angestammten Terrains liegen?

Von den Antworten auf diese Fragen wird abhängen, ob und in welchem Umfang ich das Ökosystem glaubhaft orchestrieren kann. Können wir als sein Initiator die Rolle des strategischen und/oder des operativen Orchestrators einnehmen?

Ein klarer Fokus auf das »Where to play?« ist von zentraler Bedeutung für den geschäftlichen Erfolg eines Business-Ökosystems.

Dies gilt ganz allgemein für das Unternehmen und besonders für die zu bespielenden Innovationsfelder. Traditionskonzerne tun sich da naturgemäß schwerer, weil ihre gewachsenen Strukturen bis in die Köpfe der Mitarbeitenden reichen und größere Veränderungen undenkbar scheinen. Für die Post in Deutschland oder in der Schweiz etwa erscheint die Antwort auf die Frage »Wo wollen wir spielen?« offensichtlich: »Wir liefern Sendungen von A nach B. Das ist unsere DNA.«

Insbesondere beim Aufbau eines Business-Ökosystems mit einem innovativen Nutzenversprechen muss das *Where to play?* trotzdem klar definiert werden. Soll das Spielfeld mitten in meinem bisherigen Kerngeschäft liegen? Will ich dessen Grenzen bewusst überschreiten? Und wenn ja, wie weit? Soll das Ökosystem nur ein erstes Vortasten in benachbarte Geschäftsfelder darstellen? Die Auslieferung eiliger Medikamente und Laborproben mithilfe autonomer Drohnen war für die Schweizerische Post so eine behutsame Erweiterung. Oder wage ich den großen Sprung in ein Innovationsfeld, das bisher fern meines Kerngeschäfts lag und völliges Neuland darstellt, womöglich nicht nur für das eigene Unternehmen? Als der Online-Versandhandel Amazon 2006 seine Web Services (AWS) anzubieten begann, war das so ein epochaler Vorstoß.

Dem Festlegen der Innovationsfelder schließen sich die Fragen an: Welche Konsequenzen werden diese unternehmensstrategischen Entscheidungen für uns haben? Und wie beeinflussen die Innovationsfelder meine Ökosystemstrategie?

Während die Schweizerische Post mit ihrem Drohnenservice ihr Kerngeschäft nur etwas aufgebohrt hatte, dachte die Versicherungsgruppe **Helvetia** in größeren Dimensionen.

Kaufleute aus St. Gallen hatten das Traditionsunternehmen 1858 als Transportversicherung gegründet. Heute betreut die Helvetia-Gruppe mit rund 12 500 Mitarbeitern international rund sieben Millionen Kunden. Jahrzehntelang beschränkten sich die Innovationen des Versicherers hauptsächlich auf die Ausweitung des Kerngeschäfts, etwa durch die Hinzunahme von Lebensversicherungen. 2016 hatte dann der damals neue Konzernchef Philipp Gmür eine für Helvetia geradezu revolutionäre Unternehmensstrategie ausgegeben, die sich in zwei Wörtern zusammenfassen lässt: internationale Diversifizierung.

Dazu gehörten auch die Pläne für ein umfassendes Angebot rund ums Wohnen. Neben ihrem klassischen Versicherungsgeschäft wollte die Helvetia ihr Portfolio um Services für die Immobiliensuche, Finanzierung und Vorsorge, Mietverträge, Gestaltung und Renovierung sowie für Umzüge erweitern. Der Konzern beteiligte sich an Unternehmen wie MoneyPark, einer Vergleichsplattform für die Finanzierung, den Kauf und Verkauf von Immobilien. Ein anderer neuer Partner war Yarowa, eine Plattform zur digitalen Auftragsabwicklung mit Gutachtern, Schadensinspektoren, Handwerkern und Belegprüfern. Das Münchener Start-up baimos, das unter der Marke BlueID smarte Türschlösser für professionelle Immobilien anbietet, gehört ebenfalls zum Helvetia-Ökosystem. Weitere Akteure waren Flatfox mit seinen digitalen Services für den Erst- und Wiedervermietungsprozess, renovero für Renovierungen oder KAQTU für die individuelle Wohnraumgestaltung.

Dieses ganze Geflecht aus Partnern für die verschiedensten Dienstleistungen lässt sich als Industrie- oder Branchenökosystem bezeichnen. Darin gibt es einzelne Dienste wie den Hypothekenvergleich, die als Plattformökosystem gemanagt werden. Gleichzeitig hat man gemeinsam mit MoneyPark rund um die Immobiliensuche ein Innovationsökosystem aufgebaut, dessen Orchestrierung andere Werkzeuge benötigt. Beide Angebote zusammen sind auch wieder ein Plattformökosystem, weil man ja alle Dienste online unter der gemeinsamen Oberfläche *moneypark.ch* anbietet.

Helvetia wollte durch die übergreifenden Lösungen rund ums Wohnen stärker wachsen, als es ihr allein im Kerngeschäft möglich gewesen wäre. Eine Mischung verschiedener Ökosysteme wie in diesem Beispiel finden wir in der Praxis häufig. Zur Steuerung und Koordinierung jedes einzelnen muss man aus der Toolbox passende Hilfsmittel und Methoden auswählen. Selbst zwei artverwandte Business-Ökosysteme können ganz unterschiedliche Werkzeuge erfordern.

Die Helvetia-Gruppe und die Schweizerische Post sind nur zwei von vielen Beispielen dafür, wie unterschiedlich Innovationsfelder platziert werden können: im Kerngeschäft, an dessen Rändern oder weit außerhalb in einem völlig neuen Geschäftsfeld. Das Topmanagement jedes Unternehmens oder Konzerns muss durch seine Unternehmensstrategie grundsätzlich vorgeben, welche dieser Optionen überhaupt denkbar sind.

Wie wir gesehen haben, kann die Frage »Where to play?« beim Aufbau eines Ökosystems gar nicht überschätzt werden. Die Wahl des Innovationsfeldes wird abhängig vom strategischen Fokus eines Unternehmens unterschiedliche Auswirkungen auf das Kerngeschäft, auf die Risiken und auf die beteiligten Rollen mit sich bringen.

Unklare Begrifflichkeiten

Oft werden Innovationsfelder zu grob umrissen. Ein Kunde von mir in einem Beratungsprojekt hatte zum Beispiel das Innovationsfeld »Nachhaltige Kraftstoffe«. Das klingt konkret. Doch würde es alles enthalten, von Wasserstoff über Kraftstoffe aus Pflanzen zu E-Fuels bis hin zu Alkohol. Das ist zu grob, um wirklich damit arbeiten zu können. Stellen Sie sich daher folgende Frage bei der Definition von Innovationsfeldern: Kann ein operatives Team auf Basis dieser Definition ein Brainstorming zu Innovationsideen in diesem Feld durchführen und würde dabei das herauskommen, was wir im Kopf haben? Im Beispiel sicher nicht: Die Firma hätte z. B. kein Interesse an Alkohol als Kraftstoff gehabt. Daher musste definiert werden, was genau herauskommen soll: Was heißt »nachhaltig« (hier: Kraftstoff muss bei Nutzung 0 % umweltschädliche Stoffe freisetzen und muss zu 100 % aus nachwachsenden Rohstoffen stammen), welche Form von Kraftstoffen (flüssig, gasförmig) wollen wir haben, wofür wollen wir die Kraftstoffe einsetzen (Auto, Zug, Flugzeug). Dies schränkt auch den Lösungsraum ein. Daher die Regel: So präzise wie nötig, aber so weit wie möglich. Unser Innovationsteam soll in der Lage sein, Lösungen zu entwickeln, die zur Strategie und zu den Zielen des Unternehmens passen. Welche konkreten Informationen brauchen Sie dafür? Die Überschrift »Nachhaltige Kraftstoffe« ist in Ordnung. Aber darunter braucht es eine präzise Beschreibung, was damit gemeint ist – und was nicht.

8.3 Modullieferant und Kundenschnittstelle

Die Rollen, die der Initiator des Ökosystems spielen kann, sind eng mit dem Innovationsfeld verknüpft: Ist er Orchestrator, Kundenschnittstelle, Modullieferant oder eine Kombination daraus?

Im Hinblick auf die Innovationsfelder sollte ein **Orchestrator** über genügend Erfahrung verfügen, um von potenziellen Partnern ernst genommen zu werden. Wenn die Innovationen weit außerhalb des traditionellen Kerngeschäfts liegen, muss sich das

Topmanagement fragen, ob jemand aus dem Unternehmen glaubwürdig als Steuermann des Ökosystems auftreten kann.

Die Rolle der **Kundenschnittstelle** kann ein Unternehmen sinnvollerweise nur dann ausfüllen, wenn es dafür bereits eine Infrastruktur und am besten auch einen Kundenstamm besitzt. Bei einem Innovationsfeld weit abseits meines bisherigen Kerngeschäfts ist der bestehende Vertrieb aber vielleicht gar nicht in der Lage, die neuen Leistungen zu verkaufen. Dann dürfte es sinnvoller sein, die Rolle der Kundenschnittstelle einem Partner zu übertragen, der im betreffenden Markt gut verankert ist.

Bei so einer Entscheidung sollten Sie unbedingt die Frage der Glaubwürdigkeit mit ins Kalkül ziehen. Warum etwa sollte ein Kunde eine Mobilitätsleistung von einer Bank kaufen? Die Zielgruppe mag einem Finanzinstitut schlichtweg nicht zutrauen, überzeugende Lösungen rund um die Mobilität anzubieten. Das gilt selbst dann, wenn das neue Nutzen- oder Wertversprechen im bisherigen Kerngeschäft angesiedelt ist. Kleine Neuerungen mag sich das Vertriebsteam durch Schulungen »draufschaffen«. Bei größeren Innovationen könnte dies unmöglich oder zumindest nicht glaubhaft vermittelbar sein.

Für ein Unternehmen besteht einer der wichtigsten Gründe für den Aufbau eines Innovationsökosystems darin, Aufgaben, die es selbst nicht oder nur mit unverhältnismäßig großem Aufwand meistern kann, in einem Partnernetz anzupacken. Das gilt eben auch für den Vertrieb. Im bisherigen Kerngeschäft fühlen sich die Vertriebler zu Hause, mögen jedoch mit den Themen des neuen Wertversprechens fremdeln. Einige sehen darin vielleicht eine willkommene Abwechslung. Aber für viele bedeutet eine Änderung ihres Berufsbilds und der Berufsinhalte einen inakzeptablen Einschnitt. Selbst wer seine Bedenken nicht offen ausspricht, mag das unbekannte Terrain doch mit Skepsis betreten. Diese fehlende Akzeptanz wird sich unweigerlich in den Verkaufszahlen niederschlagen. Daher muss sich der Initiator des Ökosystems objektiv fragen, wie weit die bestehende Kundenschnittstelle sich auf den Wechsel überhaupt einlassen *will*.

Die Rolle des **Modullieferanten** unterliegt in der Regel keinen großen Einschränkungen bezüglich des »Where to play?«. Seine Mitarbeiter sollten grundsätzlich willens und in der Lage sein, im Kontext des Ökosystems zu arbeiten. Gibt es Bedenken hinsichtlich ihrer Bereitschaft oder Fähigkeit, mit externen Partnern zusammenzuarbeiten? Möglicherweise lassen sich solche Hemmnisse durch gute Kommunikation, Workshops und Schulungen auflösen. Entscheidend im Hinblick auf das Innovationsfeld ist: Das zu entwickelnde Modul muss sich nahtlos in die Gesamtlösung einfügen.

Die Orchestration ist eine besonders zentrale Rolle und im Regelfall wird mit der Definition dieser Rolle gestartet. Die anderen Rollen (Modullieferant und Kundenschnittstelle) werden meist erst später definiert.

8.4 Orchestration

8.4.1 Wer übernimmt das Ruder?

Wie mein Team und ich in unserer Forschung an der Universität St. Gallen herausgefunden haben[1], besteht die Rolle des Orchestrators in jedem Plattform- oder Innovationsökosystem aus zwei verschiedenen Tätigkeitsfeldern:

- **Strategisches Feld:** Langfristige Planung des Ökosystems, vor allem der Value Proposition, der Struktur und der Partner
- **Operatives Feld:** Die Koordinierung der Partner in der Entwicklung der gemeinsamen Value Proposition

Die strategische Aufgabe steht zu Beginn im Vordergrund. Später mag sie in den Hintergrund treten, wenn die Partner ins Ökosystem integriert sind und das operative »Tagesgeschäft« den Hauptteil der Orchestrierung ausmacht. Nach der Markteinführung wird sich der Orchestrator jedoch ebenfalls mit strategischen Fragen befassen müssen. So mag es notwendig sein, das Wertangebot zu erweitern oder zusätzliche Partner an Bord zu holen. Auch wenn sich die Art des Ökosystems ändert, etwa hin zu einer Transaktionsplattform, sind strategische Entscheidungen zu treffen und umzusetzen.

Das Unternehmen, das für all diese Aufgaben in der Rolle des Chefstrategen auftritt, bezeichnen wir als »strategischen Orchestrator«. Manchmal arbeiten auch mehrere Strategen parallel in dieser Funktion. Ihr Pendant für die operative Arbeit ist der »operative Orchestrator«.

Diese in der Praxis bewährte Aufteilung ist durch unsere Forschung gut belegt. Manchmal liegen und bleiben beide Rollen in einer Hand. So war es bei Dacadoo.[2] Das IT-Unternehmen aus Zürich hat erst in der Rolle des Strategen die Value Proposition definiert und die Partner eingebunden. Später kam die Rolle des operativen Orchestrators hinzu. Darüber hinaus ist Dacadoo Lieferant eines der Hauptmodule.

Auch beim Start-up Tailored-Fits gab es keine Neubesetzung der Orchestratorrolle. Reto Rindlisbacher hat mit seinen Partnern den Vertrieb 3D-gedruckter Sportschuhsohlen und -inlays geplant, entwickelt und auf den Markt gebracht, war also strategischer Orchestrator. Zusätzlich ist er in die Rolle des operativen Orchestrators geschlüpft, hat sich also im laufenden Entwicklungs-, Produktions- und Vertriebsgeschäft um die Koordination der Partner gekümmert.

---

1 Lingens, B./Huber, F./Gassmann, O. (2021): »Loner or Team Player: How Firms Allocate Orchestrator Tasks amongst Ecosystem Actors«, in: *European Management Journal*, 40(4), 559–571.

2 Siehe Kapitel 3.

In der Praxis verteilt sich die Rolle des Orchestrators oft auf unterschiedliche Firmen, wenn der Chefstratege nicht die bestmögliche Besetzung für das operative Tagesgeschäft ist[3]. So war es im Ökosystem von Helvetia, in dem das Start-up Moneypark zunehmend die operativen Tätigkeiten übernommen hat, während die Konzernmutter weiter die strategischen Zügel in der Hand behielt.

Wenn mehrere strategische Orchestratoren *parallel* tätig sind, sprechen wir von einem **Multistrategenökosystem**. So eine Doppel- oder Dreifachspitze könnte sinnvoll sein, wenn das Ökosystems auf ein Innovationsfeld abzielt, von dem eine Firma alleine nicht ausreichend viel versteht.

Der Initiator eines Ökosystems sollte beim Besetzen der Orchestratorrolle(n) nicht ans Prestige, sondern an die Ergebnisse denken: Wer ist der beste Garant zum Erreichen der Ziele?

Mit der Rolle des Orchestrators verbinden viele das größte Prestige. Zweifellos ist sie entscheidend für das gesamte Ökosystem. Der Orchestrator ist gewissermaßen sein Kapitän. Von ihm hängt ab, ob das Schiff sicher vom Stapel läuft und danach auf Kurs bleibt – oder ob es untergeht.

Deshalb sollte der Initiator eines Ökosystems die Besetzung der Orchestratorrolle(n) von den Ergebnissen her denken: Wer ist der beste Garant zum Erreichen der Ziele? Die Firmenpolitik oder Prestigedenken sind diesbezüglich keine konstruktiven Auswahlkriterien. Sehen wir uns daher die beiden Ausprägungen der Orchestratorrolle noch etwas genauer an (Bild 8.2).

Ausprägungen der Orchestrationsrolle	
Strategisch	Operativ
Definition VP/Integration Partner	Entwicklung VP/Koordination Partner
Netzwerk zu potenziellen Partnern	Organisationale & strukturelle Anpassungsfähigkeit
Glaubwürdigkeit bei potenziellen Partnern	Geschwindigkeit in der Produktentwicklung
Wissen und Verständnis bzgl. Markt und Themenfeld	Wissen und Verständnis bzgl. Technologie und Produkt

Bild 8.2 Ausprägungen der Orchestrationsrolle und nötige Fähigkeiten

[3] Lingens, B./Miehé, L./Gassmann, O. (2021): »The Ecosystem Blueprint: How Firms Shape the Design of an Ecosystem According to the Surrounding Conditions«, in: *Long Range Planning*, 54(2), 102043.

Als Kernaufgabe wird der strategische Orchestrator die Value Proposition definieren, also das Wertangebot. Anschließend sucht und rekrutiert er passende Partner für die nötigen Module und definiert eine geeignete Kundenschnittstelle. Was benötigt er dafür? Was sind die Kriterien, die eine Firma zum Strategen qualifiziert?

Zuerst einmal braucht der Chefstratege ein sehr gutes Verständnis des Markts und der Zielgruppe, an die sich das Wertangebot richtet. Typischerweise stammen seine Erfahrungen aus früheren Aktivitäten im gleichen oder einem verwandten Innovationsfeld. Schließlich muss er ja die Kundenbedürfnisse verstehen und auf dieser Basis eine starke Value Proposition definieren.

Für die Suche und Auswahl geeigneter Partner benötigt der Stratege ein gutes Netzwerk. Fast noch wichtiger ist eine hohe Glaubwürdigkeit: Potenzielle Partner sollten nicht den geringsten Zweifel daran haben, dass er das Ökosystem zum Erfolg führen kann. Neben seiner Erfahrung in dem Innovationsfeld spielen auch weitere Faktoren eine Rolle wie die Größe und wirtschaftliche Stabilität der Firma. Global Player und Konzerne, die in ihren Kernfeldern Glaubwürdigkeit, Erfahrung, Vorwissen und ein Netzwerk mitbringen, sind daher oft die idealen Chefstrategen eines Ökosystems.

Aber auch Start-ups können diese Rolle erfolgreich spielen. Entscheidend dabei sind meist die Fachkenntnisse, die Persönlichkeiten und mitunter auch das Charisma der Gründer: Tailored-Fits als Firma konnte anfangs keine große Reputation vorweisen. Aber Reto Rindlisbacher als CEO schon, schließlich hatte er lange Jahre in Führungspositionen großer Unternehmen der Sportbranche gearbeitet.

Ein Stratege benötigt drei Dinge: Wissen, Netzwerk und Glaubwürdigkeit im gewählten Innovationsfeld.

Ein geeigneter Orchestrator

Das Start-up Calingo AG bietet sogenannte Embedded Insurance im Bereich Wohnen an. Dabei werden Hausrats- und Haftpflichtversicherungen von Versicherungsunternehmen über Immobilienbewirtschafter verkauft: Mit Abschluss eines Mietvertrags kann der Mieter gleich noch die Versicherung mit wenigen Klicks abschließen. Wenn sich das Team von Calingo die Frage stellt, ob sie ein guter strategischer Orchestrator sind, müssen sie sich also Folgendes fragen: Können wir Verhandlungen über die Mitwirkung im Ökosystem mit einer Versicherung und mit einer Immobilienbewirtschaftung führen? Kennen wir deren Painpoints und Denkweisen (Wissen)? Können wir sie auf dieser Basis überzeugen, mit uns ins Risiko zu gehen? Nehmen sie uns ab, dass wir das Ökosystem zwischen diesen zwei Bereichen aufbauen und managen können? (Glaubwürdigkeit)? Haben wir Zugang zu Entscheidern in diesen Unternehmen (Netzwerk)? Calingo konnte dank der Erfahrungen der Gründer aus früheren Positionen in der Versicherungswelt diese Fragen klar mit »Ja« beantworten und war somit ein geeigneter strategischer Orchestrator.

8.4.2 Einzel- und Multistratege: Pro & Contra

Für den Initiator des Ökosystems gibt es während der Aufbauphase in Hinsicht auf die Rolle des strategischen Orchestrators drei Optionen:

- Ich bin *nicht* der Stratege.
- Ich bin *alleiniger* strategischer Orchestrator.
- Ich bin *einer von mehreren* Strategen.

Die meisten Ökosysteme sind Einzelstrategenökosysteme. Diese Aufstellung ist fast immer die beste Wahl, denn ein Multistrategenökosystem ist komplexer und oft »unangenehmer«. Diese Erfahrung machte auch die BMW Schweiz AG:

Lücken mit einem Multistrategenökosystem schließen

Der Münchener Autobauer hatte richtigerweise erkannt, dass die Veränderungen im Mobilitätssektor auf absehbare Zeit zu Umsatzeinbußen führen werden. Deshalb wollte die schweizerische Tochtergesellschaft von BMW für ihre Geschäftskunden übergreifende Mobilitätslösungen abseits des reinen Autoverkaufs anbieten.

Jeder Mitarbeiter eines Unternehmens sollte selbst die Mobilitätsform wählen können, die er bevorzugt oder die für ihn aus praktischen Gründen am besten geeignet ist. Damit wollte man auch einen Beitrag zum Smart-City-Konzept leisten, um etwa das Verkehrsaufkommen und den Parkplatzbedarf in Städten zu reduzieren. Für Firmen mit Geschäftsräumen in hochpreisigen Ballungsräumen sind die Parkplätze für Dienstfahrzeuge mitunter teurer als der Fuhrpark selbst.

Dieses Angebot sollte in das Enterprise Resource Planning (ERP) des Kunden eingebettet werden, um eine schnelle und einfache Verrechnung der Mobilitätskosten über den Lohn der Mitarbeiter zu ermöglichen.

BMW Schweiz plante, seine Ideen innerhalb eines Innovationsökosystems zu verwirklichen. Sich selbst sah das Unternehmen anfangs in der Rolle des strategischen Orchestrators. Da das Thema stark softwaregetrieben ist, wäre eine solche Besetzung aber kontraproduktiv gewesen. Der Stratege des Ökosystems musste sich nicht nur in der Echtzeitanalyse von Massendaten auskennen, sondern ebenso in den Themen Smart City und ERP. Einem Fahrzeughersteller wie BMW würde in einer solchen Rolle vermutlich nicht nur das Know-how fehlen, sondern gegenüber potenziellen Partnern auch die nötige Überzeugungskraft.

Um diese Lücken zu schließen, hat BMW ein Multistrategenökosystem initiiert. Der Konzern holte sich Deloitte und SAP als strategische Orchestratoren in ihren jeweiligen Kernbereichen ins Boot. Die britische, mehr als 400 000 Mitarbeiter große Beratungsgesellschaft Deloitte brachte dabei die Smart-City-Expertise ein. Die deutsche SAP, viertgrößter Softwarehersteller der Welt, war der ideale Partner für das Thema Enterprise Resource Planning und IT-Themen im Generellen. Niemand würde die Glaubwürdigkeit dieser Orchestratoren infrage stellen. Die drei Firmen konnten das in ihren jeweiligen Kernkompetenzen nötige Wissen und ihr Netzwerk einbringen, um gemeinsam eine starke Value Proposition zu definieren und die geeigneten Partner einzubinden.

Diese Konstellation hatte für BMW aber auch Nachteile. Ein Multistrategenökosystem zu etablieren, ist oft deshalb so schwierig, weil es zu Beginn keinen Wurstzipfel gibt, mit dem man die anderen ködern kann. Es fehlt das starke Wertangebot, das potenzielle Partner fürs Mitmachen begeistert. Ein großes Zukunftsthema wie Smart City dürfte bei nachhaltig und innovativ orientierten Unternehmen zwar grundsätzlich auf Wohlwollen stoßen, aber darauf allein lässt sich noch keine Partnerschaft gründen. Eine Partnerschaft wohlgemerkt, die neben Gewinnchancen für die Beteiligten auch allerlei Risiken birgt.

Die Strategen für ein neu zu schaffendes Multistrategenökosystem zu gewinnen, ist in aller Regel ein zäher Prozess. Wir konnten in unserer Forschung nachweisen, dass die möglichen Partner in solchen Konstellationen das Für und Wider sehr einseitig diskutieren. Ohne ein gewinnversprechendes Wertangebot stehen bei den Verhandlungen über eine mögliche Kooperation meist die Hindernisse im Vordergrund.

Die in solchen Sondierungsgesprächen vorgebrachten Bedenken lassen sich nur ausräumen, wenn alle Partner die Vision hoch spannend finden. Vor allem das Topmanagement muss bereit sein, das neue Thema voranzutreiben. Trotzdem vergeht beim Aufbau eines Multistrategenökosystems oft ein Jahr oder mehr, bevor man überhaupt an die Value Propositions herangeht. Diese Monate kommen zu der ohnehin einzuplanenden Entwicklungszeit für die Module noch hinzu. Deshalb ist ein Business-Ökosystem mit mehreren Orchestratoren meist nichts für Start-ups, sondern eher für große Gesellschaften mit langem Atem wie BMW, SAP und Deloitte.

Zu große Überschneidungen der Kompetenzfelder zwischen den Hauptakteuren führen bei Multistrategenökosystemen oft zu Kompetenzgerangel und damit zum Scheitern.

Daneben gibt es einen weiteren Grund, wieso Multistrategenökosysteme scheitern: Überschneidungen in den Kompetenzfeldern, die meist zu Kompetenzgerangel zwischen den Hauptakteuren führen. Dazu ein Beispiel aus der Praxis, bei dem es auch um einen Automobilhersteller geht, die Ziele waren allerdings etwas anders gelagert:

Fehleinschätzung und Kompetenzüberlappung

Ein großer Autobauer und ein nationaler Eisenbahnbetreiber wollten gemeinsam das Thema »Mobilität der Zukunft« in einem Multistrategenökosystem angehen. Allerdings hatten sie dieses Konzept falsch verstanden. Sie dachten: »Wenn wir zwei Schwergewichte uns zusammentun, muss was Gutes dabei herauskommen.« Aber diese Logik aus der Geschäftswelt des letzten Jahrtausends ist falsch.

Ein Ökosystem bezieht seine Stärke nicht zwingend über die Orchestratoren, sondern über potente Partner. Die Orchestratoren sind dafür da, das Wertangebot zu definieren und Partner einzubinden, die es umsetzen wollen und können. Hierfür brauchen die Orchestratoren Wissen, Glaubwürdigkeit und ein Netzwerk in den relevanten Innovationsfeldern.

Aus dieser Logik heraus wäre der Bahnanbieter wie auch der Autobauer im Feld »Mobilität der Zukunft« vermutlich mit einer Softwarefirma als Co-Strategen besser gefahren. Denn mit Mobilität kannten sie sich ja gut aus. Was ihnen fehlte, war Know-how in Zukunftsthemen, die fast immer eng mit IT und Digitalisierung verbunden sind.

Zur Fehleinschätzung bezüglich des Multistrategenkonzepts kam nun das Problem der Kompetenzüberlappung hinzu: Wenn die Orchestratoren eine Value Proposition rund um das Auto entwickeln, übernimmt naturgemäß der Autobauer die Führung. Stehen hingegen die Züge im Zentrum des Wertangebots, hat der Bahnbetreiber das Sagen. Aber was passiert bei autonom fahrenden Bussen oder Pkws? Schwingt da der Autobauer das Zepter, denn Fahrzeuge für den Individualverkehr sind sein Metier? Oder fällt das autonome Fahren in die Kategorie öffentlicher Verkehr und somit in die Domäne des Bahnbetreibers? Hätte Letzterer überhaupt Interesse an Themen mit starkem Bezug zum Auto? Und ist der Autobauer an Lösungen jenseits der individuellen Mobilität interessiert? An diesen Fragen ist das Ökosystem der zwei Wunschpartner letztlich gescheitert, noch bevor es aus den Startlöchern kam.

Was lehrt uns diese wahre Geschichte? Wenn wir eine Initiative orchestrieren möchten, dies aber nicht alleine können, ist ein Multistrategenökosystem eine Option. Damit stellt sich aber grundsätzlich die Frage: Welche Bausteine fehlen uns in diesem Feld bezüglich Wissen, Netzwerk und Glaubwürdigkeit? Und welcher Co-Stratege könnte diese Lücken ohne allzu viel Überlappung schließen?

Auf der anderen Seite sind Überschneidungen wichtig für das gegenseitige Verständnis. Ohne ausreichende Überlappung könnten sich die Multistrategen nicht untereinander abstimmen. Das wäre so, als redete jeder in einer anderen Sprache: Es käme nur ein babylonisches Wirrwarr heraus. An ein koordiniertes Miteinander wäre kaum zu denken.

Schnittmengen sind wie Kristallisationspunkte. Bestehendes Wissen dockt sozusagen ans Know-how der Partner an, um daran zu wachsen. Die Fähigkeit dazu nennt man in der Fachsprache *Absorptive Capacity*. Die Wirtschaftswissenschaftler Cohen und Levinthal definieren dieses »Absorbtionsvermögen« als …

> *»die Fähigkeit eines Unternehmens, den Wert neuer externer Informationen zu erkennen, sie zu übernehmen und sie zu kommerziellen Zwecken einzusetzen.«*

Nicht nur in Innovationsökosystemen profitieren Partner mitunter immens von dieser Fähigkeit, fremdes Wissen nutzbringend zu verinnerlichen.

Das ideale Maß an Wissens- und Kompetenzüberlappung ist in freier Wildbahn nicht immer zu finden. Das ist der Grund, weshalb Multistrategenökosysteme so oft scheitern. Eine weitere Hürde ist das enorm starke Wertangebot, das man für so ein Ökosystem braucht, damit jeder Orchestrator und sonstige Partner seinen Teil von der Torte erhält und am Ende alle satt und zufrieden sind. In jedem Ökosystem brauchen wir eine zugkräftige Value Proposition, aber in einem Multistrategenökosystem gilt das umso mehr. Da muss das gemeinsam gewählte Wertangebot schon, um im Bild zu bleiben, eine mehrstöckige Hochzeitstorte sein.

Oft sind die in diesem Abschnitt beschriebenen optimalen Bedingungen für ein Multistrategenökosystem schwer in die Praxis umzusetzen. Der Flaschenhals dabei ist der zusätzliche, sehr aufwendige Koordinationsaufwand zwischen den Strategen.

Daher sollten wir immer überlegen, ob so eine Konstellation *wirklich* nötig ist. Manchmal kann man sich das fehlende Wissen und Netzwerk selbst aneignen oder einen entsprechend qualifizierten Experten anheuern. Das mag sich selbst dann rechnen, wenn so ein Spezialist in den Gehaltsverhandlungen hohe Summen aufruft. Ihn auf die Gehaltsliste zu setzen, ist immer noch einfacher, als mit einer ganzen Firma zu verhandeln – und mit ihr über die nächsten Jahre gemeinsam ein Ökosystem aufzubauen. Das hat auch BMW erkannt und seine Strategie für die Mobilitätswende angepasst.

An dieser Stelle möchte ich noch einen üblichen Verständnisfehler adressieren: die Verwechslung von Partnern und (Multi-)Strategen.

Strategische Orchestratoren haben die Aufgabe, zum Start der Ökosysteminitiative das Wertversprechen zu definieren und geeignete Partner für die Umsetzung zu suchen und zu finden. Partner hingegen haben die Aufgabe, eine Rolle in dieser Umsetzung zu spielen – als Kundenschnittstelle oder Modullieferant. Bei Orchestratoren sind die Kernkriterien daher Wissen, Netzwerk und Glaubwürdigkeit. Bei Partnern geht es um ihre Eignung für die vorgesehene Rolle. Ein Orchestrator kann später auch als Partner noch eine weitere Rolle einnehmen, das muss er aber nicht. Entscheidend ist die Eignung als Orchestrator anhand der oben genannten Kriterien!

8.4.3 Wer hält alles am Laufen?

Nachdem das Wertangebot definiert und die Partner eingebunden sind, muss jemand alles ins Laufen bringen: der operative Orchestrator. Ob diese Rolle beim Initiator des Ökosystems beziehungsweise beim bisherigen strategischen Operator bleibt oder an einen Partner übergeben wird, müssen die Hauptakteure in jedem Fall individuell entscheiden.

Außerdem sind die Anforderungen an den strategischen und den operativen Orchestrator sehr unterschiedlich. Letzterer muss vor allem eines sein: schnell! Denken wir noch einmal an die Grundprinzipien des Innovationsökosystems: Die Partner arbeiten in einem Rahmen von gegenseitiger Abhängigkeit und hohem Koordinationsaufwand. Der einzige Grund, warum sie das tun, ist die gemeinsame Vision: Die hoch innovative Value Proposition, mit der sie zukünftig Geld verdienen möchten.

Probleme wird es auf dem Weg dahin genug geben: Ein Partner kann nur verspätet sein Modul entwickeln, ein anderer hat einen Wechsel in der Geschäftsleitung, sodass Budgets »vorerst« auf Eis liegen, es gibt technische Schwierigkeiten etc. Da wir keine harten Verträge haben, muss vielleicht sogar eine Vereinbarung mit einem Akteur nachverhandelt oder ein Partner ersetzt werden.

Um all dies wird sich vermutlich der operative Orchestrator kümmern. In jedem Fall aber muss er zu Beginn das Vertragswerk mit allen Partnern aufsetzen und abstimmen, die gemeinsame Produktentwicklung koordinieren und nach dem Marktgang die IT-Strukturen für eine effiziente Geschäftsabwicklung zwischen den einzelnen Akteuren schaffen.

Das alles ist aufwendig genug. Schwierig wird es, wenn dann jeder dieser Schritte über drei Hierarchieebenen abgestimmt werden muss. Wenn die Rechtsabteilung sechs Monate braucht, um eine für alle befriedigende Lösung zum Verteilen der Nutzungsrechte zu finden. Wenn die IT-Abteilung Bauchgrummeln hat, ob die alte IT-Struktur überhaupt die Einbindung von Externen erlaubt. Der Aufwand für die Koordination steigt und steigt, alles wird zwei- bis dreimal so langsam. Irgendwann verlieren selbst wohlwollende Partner die Geduld und den Glauben an den gemeinsamen Erfolg.

In allen von uns untersuchten Ökosystemen präsentierte der Orchestrator in maximal einem Jahr eine funktionierende Grundversion des Produkts oder einen sonstigen Erfolg.

Alle von uns untersuchten Ökosysteme zeichnet eine Gemeinsamkeit aus: Der Orchestrator war in der Lage, in maximal einem Jahr eine auf die minimalen Grundfunktionen reduzierte Version des Produkts, einen Prototyp oder einen sonstigen fassbaren Erfolg vorzulegen.

Bei Plattformökosystemen liegt der Fokus auf Skalierung, und zwar auf schneller Skalierung. Auch hier ist somit die Geschwindigkeit eine Kerntugend des operativen Orchestrators. Eine gemeinsame Produktentwicklung brauchen Transaktionsplattformen nicht. Die technische Basis liefern meist externe Entwicklungsdienstleister. Schnelligkeit ist somit genauso wichtig, aber sie zu erreichen eine kleinere Herausforderung als beim Innovationsökosystem.

Neben der Geschwindigkeit braucht auch der operative Orchestrator Fachkenntnisse rund um das Wertangebot. Die Abstimmung zwischen den Modullieferanten im Kontext der Produktentwicklung muss reibungslos laufen. Allerdings steht hier weniger Wissen über Kunden und Markt im Fokus, sondern vor allem bezüglich der technischen Aspekte des Nutzenversprechens. So musste Reto von Tailored-Fits die Entwicklung für 3D-Druck, Scanning und Biomechanik verstehen. Der operative Orchestrator ist somit ein Hansdampf in allen (technischen) Gassen des Produkts.

Wie schon erwähnt, mögen sich große Unternehmen mit tiefer Hierarchie und vielen Abstimmungsprozessen damit schwertun, den Anforderungen an den operativen Orchestrator gerecht zu werden. Sie gleichen Supertankern mit kilometerlangem Bremsweg und gigantischem Wendekreis. Überdies mangelt es im Haus vielleicht an der umfassenden Fachkompetenz in allen relevanten Aspekten der Value Proposition. Wenn man unter solchen Voraussetzungen trotzdem Kontrolle über die operative Orchestrierung ausüben will, bieten sich folgende Lösungen an:

- Schaffung einer vom Kerngeschäft entkoppelten **Stabsstelle** mit eigener Entscheidungskompetenz unter Führung eines neu eingestellten Experten
- Ausgründung eines Spin-offs, also einer hundertprozentigen **Tochterfirma** mit entsprechend qualifizierten Mitarbeitern und flexiblen Strukturen
- Kooperation der Ökosystempartner in einem **Joint Venture** als eigenständige Kapitalgesellschaft
- Übertragung der Rolle des operativen Orchestrators an eine **andere Firma** im Ökosystem, die hierfür geeignet ist (oftmals ein Start-up)

Im Vergleich zum ersten Vorschlag haben die Optionen zwei und drei eine stärkere Außenwirkung in der Frage der Glaubwürdigkeit. Der Mutterkonzern und eventuelle Partner können die neue Firma genau auf die Value Proposition zuschneiden, wodurch die Stakeholder sie als spezialisiertes Unternehmen wahrnehmen.

Falls sich derlei »Verrenkungen« vermeiden lassen, dann tun Sie es. Besitzen Sie als Initiator des Ökosystems sowohl die strategischen wie auch die operativen Voraussetzungen für die Orchestrierung, sollten Sie auch beide Rollen übernehmen. So reduzieren Sie die Schnittstellen, vermeiden ebenso teure wie unnötige Abstimmungs- und Reibungsverluste und senken das Risiko des Scheiterns. Überdies müssen Sie die Erträge mit weniger Partnern teilen, bekommen also ein größeres Stück von der Torte.

Die Entscheidung für eines dieser Settings sollte idealerweise vor dem Startschuss für das Ökosystem fallen. Sie wissen ja nun, dass sich der operative Orchestrator vom strategischen unterscheidet, dass aber beide für das Ökosystem lebenswichtig sind. Wer irrtümlicherweise denkt, er könne diese Rolle übernehmen, und dann später im Prozess umbauen muss, wird unnötig Zeit und Geld verlieren. Nachzujustieren ist fast immer teurer, als gleich richtig zu starten.

Falls Sie trotzdem erst beim Aufbau des Ökosystems festlegen, wo der operative Orchestrator angesiedelt sein soll, verschaffen Sie sich schon vorher Klarheit über Ihre Optionen. Und spielen Sie ruhig mögliche Szenarien durch, die sich aus der jeweiligen Platzierung der Rolle ergeben. Grundsätzlich ist fast alles okay. Es ist nur nicht okay, sich im Aufbau des Ökosystems von der Frage nach der operativen Orchestration überraschen zu lassen.

Aber das wird nicht passieren, wenn Sie dieses Buch gelesen haben.

Schnell und agil durch Partner

Eine Versicherungsfirma wollte über ein Ökosystem eine innovative Uhrenversicherung lancieren. Dabei würde der Kunde das eigene Smartphone auf die Uhr richten, die Kamera erkennt dank einer AI-Lösung das Uhrenmodell und somit ihren Wert. Auf dieser Basis wird die Prämie ermittelt und dem Kunden vorgeschlagen. Mit nur einem Klick kann er die Versicherung dann abschließen. Die Versicherung agierte als strategischer Orchestrator. Die Rolle des operativen Orchestrators delegierte sie aber von Anfang an an ein Start-up, das schon ähnliche Lösungen entwickelt hatte. Dieses übernahm die Produktentwicklung und operative Koordination des Ökosystems und im laufenden Betrieb liefen alle Transaktionen über die IT-Plattform des Start-ups. Die Versicherung hätte dies problemlos selber machen können, schließlich ist die Entwicklung von Versicherungen ihr Kerngeschäft. Aber sie wusste, dass sie niemals schnell und agil eine Entwicklung mit mehreren externen Partnern hätte leiten können und dass sie auch nicht imstande gewesen wäre, angesichts ihrer langsamen Legal-Prozesse in der nötigen Schnelligkeit die Verträge mit den anderen Partnern zu verhandeln. Auch ihre IT wäre nicht in der Lage gewesen, externe Partner so einfach anzudocken. Daher gaben sie freiwillig die Rolle des operativen Orchestrators ab, auch wenn dies ihre eigenen Einnahmen über die neue Uhrenversicherung schmälerte.

8.5 Typ Ökosystem

Wie wir im ersten Teil des Buches gesehen haben, gibt es in der Wirtschaft nur zwei echte Konzepte für Ökosysteme: das Plattform- und das Innovationsökosystem. Bei allen anderen so bezeichneten Konstellationen handelt es sich nur um alten Wein in neuen Schläuchen, denen man das Buzzword »Ökosystem« als Etikett angeheftet hat. Um die Weichen zu stellen, müssen wir nun klären, welche Art von Ökosystem am Anfang wohl die richtige für uns ist. Unsere Forschung an den Universitäten St. Gallen und Luzern liefert die Antwort auf diese Frage[4]: Bis ein Innovationsökosystem Erträge abwirft, müssen die Hauptakteure zunächst vergleichsweise viel in den Aufbau und die Entwicklung der Module investieren. Dafür ist diese Art des Partnernetzwerks auf lange Sicht stabiler. Bei einem Plattformökosystem lassen sich viel schneller Erträge erwirtschaften, allerdings auf Kosten einer eher schwachen langfristigen Stabilität. Diese Aspekte sind auch auf zwei andere Faktoren zurückzuführen, die wir uns daher im Folgenden genauer ansehen: **USP und Lock-in**.

8.5.1 USP und Lock-in

Unique Selling Proposition (USP) steht für das Alleinstellungsmerkmal, das unser Nutzenversprechen aus Sicht des Kunden einzigartig macht und dadurch klar aus der Masse konkurrierender Angebote heraushebt.

Der Fachbegriff *Lock-in* beschreibt einen Effekt, der Partner und/oder Kunden ins eigene Ökosystem »einschließt«. Wie? Durch den großen Nutzen, den wir ihnen bieten. Ist die Value Proposition für Stakeholder unwiderstehlich, werden sie sich hüten, zu einem Konkurrenten mit wesentlich schwächerem Wertversprechen zu wechseln. Lock-in entsteht gewöhnlich auch, wenn wir über Jahre eine aufwendige Modulentwicklung betrieben haben. Würden wir jetzt aus dem Ökosystem aussteigen, wäre dieser Aufwand verloren.

Werfen wir nun einen genaueren Blick auf die beiden Kriterien zur Differenzierung des Ökosystems. Wie wir sehen werden, lassen sie sich aus den sehr unterschiedlichen Value Propositions der verschiedenen Ökosystemkonzepte ableiten.

Die Art des Ökosystems hat einen direkten Einfluss auf die Art der Value Proposition und auf die USP.

In einem **Innovationsökosystem** erwächst die Value Proposition aus dem Produkt. So ist eine Krankenversicherung wie bei Dacadoo per se innovativer als eine traditionelle: Der Health Index ermöglicht gesundheitsbewussten Menschen günstigere Tarife, ein für Innovationsökosysteme typisches Wertangebot. Daraus ergibt sich ein doppeltes Lock-in: Kunden wollen nicht wechseln, weil sie nirgendwo ein vergleich-

[4] Lingens, B./Seeholzer, V./Gassmann, O. (2023): »Journey to the Big Bang: How firms define new value propositions in emerging ecosystems«, in: *Journal of Engineering and Technology Management*, 69, 101762; Lingens, B./Seeholzer, V./Gassmann, O. (2022): »The architecture of innovation: how firms configure different types of complementarities in emerging ecosystems«, in: *Industry and Innovation*, 29(9), 1108 – 1139.

bares Angebot finden. Und Modulpartner wollen nicht wechseln, weil ihnen das Ökosystem über die Beteiligung am Wertversprechen Einnahmen generiert. Und wer lange und viel in das Wertangebot des Ökosystems investiert hat, wird nach der Markteinführung darüber hinaus nicht so einfach aussteigen.

In einem Umfeld mit großem Wettbewerb ist diese Art von Ökosystem eine gute Verteidigungsstrategie. Konkurrenten können es nur schwer oder gar nicht kopieren, weil der Aufbau und das Management eines Innovationsökosystems mit großem Aufwand verbunden sind. Die Qualität der Partner und der Schutz geistigen Eigentums durch Patente können die Verteidigungslinie zusätzlich verstärken.

Bei einem **Plattformökosystem** sind die Value Proposition und die USP anders gelagert. Transaktionsplattformen verkaufen meist existierende, reife, gut vergleichbare Produkte. Hier liegt das Wertangebot nicht primär im Produkt, das man ja ebenso gut direkt vom Erzeuger beziehen kann. Es liegt im geringen Suchaufwand auf dem Onlinemarktplatz, um das beste Produkt zum besten Preis über einen breit gefächerten Produktvergleich zu finden. Auf der Plattform ist großer Wettbewerb keine Bürde, sondern das Ziel. Nur wenn ich genug Produkte zur Auswahl anbiete, ergibt der Vergleich überhaupt einen Sinn.

Denn wenn die Nutzer woanders mit deutlich mehr Zeiteinsatz kaum einen besseren Preis finden, wählen sie lieber die Vergleichsplattform. Darin liegt die eigentliche Value Proposition der meisten Onlineplattformen. So ermöglicht in Deutschland Check24 eine Wahl unter rund 4300 Tarifen bei über sechzig privaten Krankenversicherungen.[5] Oder: Wer für die nächste Reise eine preiswerte Ferienwohnung sucht, weiß, dass er bei Airbnb unter Abertausenden von Apartments garantiert das Richtige für sich findet. Ähnliches gilt für Booking.com bei Hotels.

Dies sind nur drei Beispiele erfolgreicher Plattformökosysteme. Sie alle sind durch den Netzwerkeffekt gewachsen, der immer mehr Anbieter und Kunden anzieht. Das gilt auch für Angebote wie Facebook und WhatsApp, die vordergründig nicht als Vergleichsplattform und Marktplatz auftreten. Die soziale Interaktion und der Austausch von Information stehen hier im Mittelpunkt. Vom Konzept her ist aber auch Facebook eine Vergleichsplattform: Sie ermöglicht die schnelle Suche von Gleichgesinnten und von Meinungen, die mir gefallen.

Schwierig wird es immer dann, wenn es zu dem Nutzenversprechen schon ein Plattformökosystem gibt – oder sogar mehrere. So ist es bei der Münchener Check24 und ihrer Rivalin Verivox aus Heidelberg, die schon seit Anfang der 2000er-Jahre bei Versicherungen miteinander konkurrieren. Die Unternehmen hinter diesen Plattformen sind fast zeitgleich Ende der 1990er-Jahre gegründet worden, anfangs mit unterschiedlichen Schwerpunkten. Das dürfte ihnen den nötigen Freiraum für Wachstum geboten haben, um dann später miteinander in den Wettbewerb zu treten.

---

5 Stand November 2023

Denn:

Hat die Konkurrenz erst einen erheblichen Vorsprung und vielleicht sogar schon die kritische Masse für den Netzwerkeffekt aufgebaut, kann ein neues Plattformökosystem nur noch schwer einen relevanten Marktanteil erringen. Sich als dominante Plattform zu etablieren, dürfte noch mühsamer werden.

Warum? Weil eine Transaktionsplattform im Kern keine USP jenseits des selbstverstärkenden Effekts hat. Und dieser über den schieren Größeneffekt auf die Stärkung des Nutzenversprechens (Finden des besten Angebots mit den geringsten Suchkosten) einzahlt.

Das soll nicht heißen, Neueinsteiger hätten überhaupt keine Chance, den Platzhirsch herauszufordern. Denn ein Plattformökosystem kann auch noch zusätzliche Wertversprechen oder Vorteile jenseits der reinen Größe anbieten. Dies sehen wir zum Beispiel im Bereich der Messenger: Dienste wie Signal sind zwar in Hinblick auf die Nutzerzahlen deutlich kleiner als WhatsApp, legen aber erhöhten Wert auf Datenschutz und können so nebem dem Platzhirsch existieren. Mit dem gleichen Wertversprechen dürfte es aber schwer werden, neben WhatsApp allzu lange zu überleben.

Nun haben wir eine solide Basis aus sachlichen Kriterien, um die richtige Art des Business-Ökosystems zu wählen.

8.5.2 Plattform- oder Innovationsökosystem?

Gibt es für die zu handelnden Produkte ein ausreichend großes Angebot und keine konkurrierende Plattform, kann ich ein Plattformökosystem aufbauen. Wenn einige Zeit nach dem Marktgang noch keine neuen Konkurrenten am Horizont aufgetaucht sind, läuft die Plattform einfach weiter. Der Netzwerk- und damit der Lock-in-Effekt verstärken sich, womit ich mehr Vorsprung gewinne. Typischerweise startet man mit einem starken Fokus auf eine Angebots- und eine Nachfrageseite. Und baut dann, sobald man hier die kritische Masse erreicht hat, weitere Angebotsseiten dazu.

So startete beispielsweise die Plattform Gryps in der Schweiz als Anbieter für Leistungen für KMU. Zu Beginn bot man lediglich wenige Produktgruppen an und erreichte damit die kritische Masse aus Anbietern für diese Produktgruppen auf der einen Seite und nachfragenden KMU auf der anderen. Über die Zeit kam dann ein Produkt nach dem anderen dazu, sodass man mittlerweile über 30 Produktgruppen mit jeweils einer Vielzahl von Anbietern kaufen kann.

Eine solche Verbreitung des Angebots ist die normale Entwicklung eines Plattformökosystems: Hat man einmal die kritische Masse an Kunden, kann man Anbieter für eine zusätzliche Produktgruppe leichter dazugewinnen – schließlich wartet auf sie sofort eine interessante Zahl an Nachfragern. Und als Plattformbetreiber schafft man eine zusätzliche USP durch einen zusätzlichen Netzwerkeffekt und über die weiteren Umsätze mit den zusätzlichen Produkten noch mehr Umsätze.

Plattformökosysteme starten fokussiert, wachsen aber mit der Zeit immer mehr in die Breite.

Drängen hingegen andere Plattformökosysteme als direkte Konkurrenten auf den Markt, ist das Plattformökosystem gefährdet: Es hat ja abseits des Netzwerkeffekts keine USP. Und wenn dann in kurzer Zeit viele Nutzer abwandern, kann dieser auch schnell mal kollabieren, wenn auch die Anbieter daraufhin der Plattform den Rücken kehren. Daher macht es bei aufkommender Konkurrenz erstens Sinn, das Angebot um zusätzliche innovative Leistungen zu verbreitern, um den Netzwerkeffekt zu stärken und eine zusätzliche USP aufzubauen. Zweitens wird üblicherweise der Versuch gestartet, auf Partnerseite einen Lock-in zu schaffen und damit ebenfalls die Resilienz zu stärken. Das wird meistens über zusätzliche Angebote an die Partner erreicht, die über den zusätzlichen Nutzen eine Abwanderung unattraktiver machen.

Aus der Sicht der Newcomer, die auf einem Markt mit vielen, gut vergleichbaren Produkten gegen eine etablierte Plattform mit bereits ausgeprägtem Netzwerkeffekt antreten wollen, wird ein reiner Plattformökosystemansatz mit dem gleichen Wertversprechen aber nur wenig Sinn ergeben, außer man hofft auf das Kollabieren des Netzwerkeffekts. Hier muss also entweder eine andere Ausrichtung der Plattform hinsichtlich des Wertversprechens oder der Zielgruppe gewählt werden (wie das oben beschriebene Beispiel von Signal, die mit einem Fokus auf den Datenschutz eine für dieses Thema besonders sensible Kundschaft ansprechen). Oder man wählt den Weg über ein Innovationsökosystem. Damit kann der Neuling einen ganz neuen, nicht kopierbaren Kern mit starkem Alleinstellungsmerkmal schaffen, um das herum er dann später eine Transaktionsplattform aufbaut.

Bei einem Innovationsökosystem hingegen ist die Entwicklung meist anders. Aufgrund der starken USP kann ich selbst Märkte mit großem Wettbewerb »von hinten aufrollen«. Durch den natürlichen Lock-in-Effekt der Partner besteht auch weniger Gefahr der Abwanderung derselben, sofern das Wertversprechen in der versprochenen Zeit und Qualität umgesetzt werden kann. Hat das Wertangebot erst eine genügend große Zahl von Kunden hinter sich geschart, kann ich mich entscheiden: Entweder bleibe ich beim bestehenden Ökosystem, wie es Tailored-Fits getan hat, oder ich wechsle in die Logik eines Plattformökosystems. Das heißt, ich binde weitere Partner ein, die das ursprüngliche Angebot erweitern, bis ein selbstverstärkender Effekt eintritt.

So hatte es ein Fintech-Start-up gemacht, das wir an der Universität St. Gallen 2018 mit dem Swiss WMC Award in der Kategorie »Innovation« ausgezeichnet haben.

Vom Innovations- zum Plattformökosystem

Die 2016 in Zürich unter dem Namen TradePlus24 gegründete Firma **TP24** hatte sich mit der Credit Suisse zusammengetan, um Kredite für kleine und mittelständische Unternehmen (KMUs) in Verbindung mit einer innovativen Factoring-Lösung anzubieten.[6] Die Partnerbank übernahm die Rolle der Kundenschnittstelle: Sie blieb damit in ihrem Kerngeschäft, dem Verleihen von Geld. Die neuen Services für flexible debitorengestützte Kredite sollte sie zusätzlich anbieten.

Mit dem Partner Credit Suisse allein war das Factoring-Angebot von TP24 allerdings nur begrenzt skalierbar. Deshalb akquirierte das Fintech nach und nach weitere Bank- und Vertriebspartner. Gleichzeitig holte es mehr Versicherungen zum Absichern der Forderungen ins Boot. Um auch international zu expandieren, gewann das Unternehmen aus Zürich zusätzliche Investoren. Mittlerweile hat die TP24-Group Niederlassungen in London, Amsterdam und im australischen Melbourne.

Aus diesen Aktivitäten entstand ein Netzwerkeffekt: Je mehr Vertriebspartner mitmachten, desto breiter war die Kundenbasis und desto spannender fanden Investoren und Versicherungen das Konzept. Wächst die Zahl der Banken, können auch mehr Kredite abgeschlossen werden. Selbiges trifft auf Versicherer und Factoring-Verträge zu. Kurz: Das Innovationsökosystem hat sich zu einem Plattformökosystem weiterentwickelt. Aus diesem Wandel erwuchs für Kunden zusätzlich die typische USP großer Plattformen: zeitsparende Suche in einem großen Angebot.

Ein ähnlicher Weg steht auch Ihnen offen: Sie können in einem Markt mit großem Wettbewerb durch ein Innovationsökosystem mit starker USP Marktanteile erkämpfen und dann später mithilfe eines Plattformökosystems skalieren. Auch der umgekehrte Weg ist möglich: Sie beginnen mit einem Plattformökosystem, und wenn die Konkurrenz aufholt, schaffen Sie mithilfe eines Innovationsökosystems eine zusätzliche USP, die den Wettbewerb wieder zurückfallen lässt.

Damit ergeben sich typische Pfade, die in Bild 8.3 noch einmal zusammengefasst sind: Wer mit einem Plattformökosystem startet, wird nach Erreichen der kritischen Masse im Laufe der Zeit fast immer umfangreiche Änderungen an diesem vornehmen: entweder durch die Hinzunahme weiterer Angebote, sofern keine Konkurrenz aufkommt, oder, falls aufgrund von Konkurrenz Angst um den Netzwerkeffekt entsteht, weil man zusätzliche innovative Leistungen zur Stärkung desselben aufbaut. Oder beides. Zusätzlich erfolgen meist Maßnahmen zur Schaffung eines Lock-ins auf der Angebotsseite.

Innovationsökosysteme hingegen sind stabiler, sobald sie auf dem Markt sind. Ihre natürliche USP und der Lock-in-Effekt auf die Partner verleiht ihnen Robustheit.

[6] Unter dem Begriff Factoring versteht man den »Verkauf von Forderungen, um direkt Zahlungseingänge auch bei erst späterer Forderungsfälligkeit zu realisieren und das Ausfallrisiko samt dessen Überwachung abzuwälzen« (Gablers Wirtschaftslexikon).

Allenfalls kann der Ausbau zum Plattformökosystem angestrebt werden, um eine zusätzliche Skalierung über den Netzwerkeffekt zu erreichen.

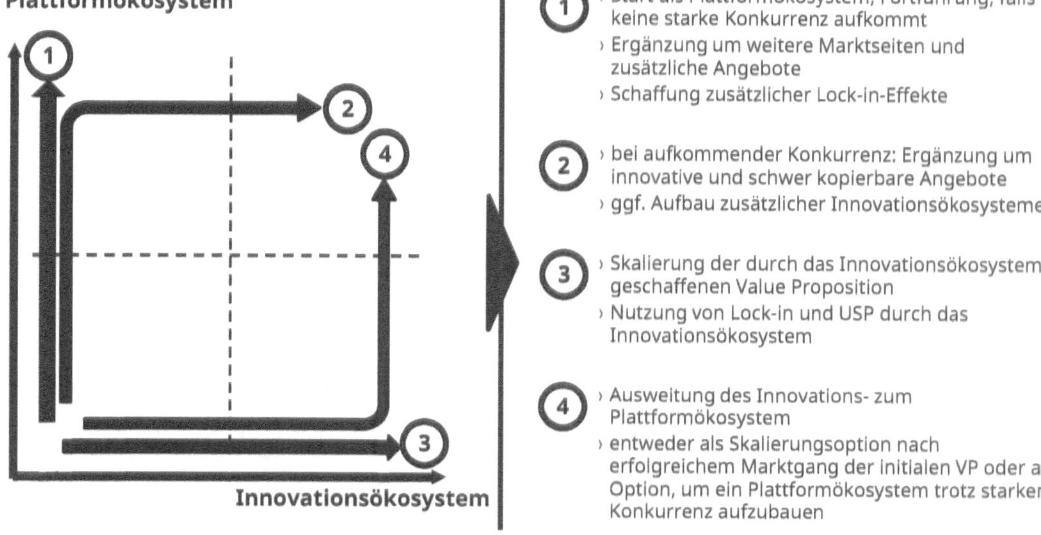

Bild 8.3 Typische Entwicklungspfade von Plattform- und Innovationsökosystemen

9 Integration in Organisation und Infrastruktur

Die zentrale Frage der Dimension »Integration in Organisation und Infrastruktur« lautet: Wie ist die Initiative für das Business-Ökosystem in die bestehenden Strukturen und Prozesse Ihres Unternehmens einzuordnen? Kurz: Wo hängen wir das Ökosystem in unserer Organisation auf? Wer macht was? Wer ist der Verantwortliche?

Es wäre schön, wenn es für diese wichtigen Fragen pauschale Antworten gäbe. Gibt es aber nicht. Nachfolgend lernen Sie die grundsätzlichen Leitlinien und Überlegungen kennen, um Ihre Ökosysteminitiative im Unternehmen sinnvoll zu verankern. Gleichzeitig gibt Ihnen dieser Abschnitt auch weitere Orientierungshilfen zu den Rollen und den organisatorischen Hindernissen, die uns daran hindern könnten, in einer bestimmten Rolle zu agieren (siehe auch Abschnitt 10.8).

Um bestmöglich über die Verteilung der Rollen zu entscheiden, müssen wir sowohl interne wie auch externe Aspekte berücksichtigen. Diese spiegeln sich im Wesentlichen in den Antworten auf folgende zwei Fragen:

- Wird die Initiative *innerhalb* der bestehenden Organisation umgesetzt oder als *externe* Einheit?
- Wie hoch in der Hierarchie wird sie eingeordnet?

Frage Nummer zwei klärt, an wen unser Verantwortlicher für das Ökosystem berichten wird: allein dem CEO, dem ganzen Vorstand, dem Chef eines Geschäftsbereichs oder einem Abteilungsleiter? Dieser Punkt muss immer geklärt werden, selbst bei einer externen Rollenbesetzung. Auch dann wird es im eigenen Unternehmen einen Ansprechpartner geben, der zumindest einen Teil der Ressourcen oder Budgets freigibt.

9.1 Aufhängung innerhalb der Hierarchie

Die Frage nach der hierarchischen Einordnung kann schnell beantwortet werden. Sie hängt eng damit zusammen, wie strategisch wichtig das Ökosystem für das Unternehmen ist und über welche Budgets wir sprechen. Daraus dürfte sich rasch ergeben, auf welcher Ebene das Thema aufgehängt werden muss.

Die meisten Business-Ökosysteme sind für die initiierenden Unternehmen von größerer strategischer Bedeutung. Früher oder später erfordern sie umfangreichere Budgets. Außerdem muss in wichtigen Fragen mit externen Ansprechpartnern verhandelt werden. In aller Regel findet die Initiative deshalb ihren Platz auf der Vorstandsebene oder zumindest bei der Leitung eines Geschäftsbereichs.

Als Unternehmensberater sehe ich regelmäßig Firmen, die den Leiter der Ökosysteminitiative direkt an einem Vorstand aufhängen wie dem für Innovation, für Forschung und Entwicklung oder für den Vertrieb. Oft ist auch der CEO persönlich der Dreh- und Angelpunkt der Initiative. Es gibt jedoch auch kleinere Ökosysteminitiativen mit eher explorativem Charakter: Das Unternehmen will mit der Initiative zunächst neue technische Möglichkeiten und/oder Geschäftsfelder ausloten. Man möchte mit so einem »experimentellen« Ökosystem Erfahrungen sammeln, die später in andere, umfangreiche Initiativen einfließen sollen.

Ein Beispiel für diese Strategie ist die Schweizerische Post. Sie hatte in ihr Drohnenökosystem ein für ihre Verhältnisse kleines Budget und nur hauseigene Ressourcen investiert. Der für das Ökosystem Verantwortliche hat es mit wenig internem Aufwand zusammen mit einer Kollegin vorangetrieben. Er selbst, ein noch recht junger Mitarbeiter, war organisatorisch bei einem Abteilungsleiter eingegliedert.

Wo Sie Ihre Initiative in der Hierarchie einordnen, hängt nicht nur davon ab, *wie* wichtig das Thema für Ihr Unternehmen ist, sondern auch davon, *wer* es für wichtig hält. Ist der Promotor ein tonangebender interner Stakeholder oder ein bedeutender Bereich in der Firma, wird das die Einordnung des Ökosystems innerhalb der Organisation zweifellos beeinflussen. So war es auch bei zwei meiner Kunden, beides schweizerische Banken.

Im ersten Fall handelte es sich um eine große Regionalbank. Sie war gerade dabei, ein Ökosystem aufzubauen, das ihr zusätzliche Kundenkanäle eröffnen sollte. Daher lag die Initiative bei der Leiterin des Multichannel-Vertriebs, die direkt dem Vorstand berichtete.

Der andere Kunde war eine überregional aktive Großbank. Hier sollte ein Ökosystem aufgebaut werden, um die Immobilienfinanzierung zu innovieren. Mit einem neuen, attraktiven Wertangebot wollte man die bestehende Klientel besser pflegen und zusätzliche Kunden gewinnen. Der Verantwortliche für das Ökosystem war hier der vormalige Innovationsmanager. Er berichtete direkt dem für Innovationen zuständigen Vorstand.

Diese Beispiele aus der Praxis zeigen, wie entscheidend die strategische Wichtigkeit, der inhaltliche Schwerpunkt und/oder das Ziel der Initiative für ihre organisatorische Einordnung ist, also dafür, wem der Leiter der Initiative berichtet. Hier wird man im Regelfall schnell und intuitiv eine Lösung definieren können.

Schwieriger zu beantworten ist die Frage, wer die Federführung für das Ökosystem hat. Kann ich diese Rolle als Initiator aus organisatorischer Sicht überhaupt selbst einnehmen? Und wenn ja, sollte ich sie besser intern oder extern aufhängen? Wir könnten die Initiative einerseits als interne Abteilung führen oder andererseits als externes Spin-off, als Joint Venture oder zumindest als eine von der Kernorganisation räumlich entkoppelte Einheit.

Da die Frage der Federführung etwas schwerer zu beantworten ist, widmen wir ihr einen eigenen Unterabschnitt. Lassen Sie uns vorher jedoch kurz in die Theorie abtauchen. Denn manchmal gibt es nichts Praktischeres als eine gute Theorie.

9.2 Die Theorie der lernenden Organisation

Es gibt gute Gründe, ein Innovationsökosystem bei einem Spin-off, einem Joint Venture oder in einer internen Abteilung anzusiedeln. Um hier die beste Wahl zu treffen, müssen wir erst einmal die Mechanismen hinter der organisatorischen Einordnung solcher Initiativen verstehen. Hier kommt erneut die Absorptive Capacity ins Spiel.

Den schon erwähnten Wirtschaftswissenschaftlern Wesley M. Cohen und Daniel A. Levinthal verdanken wir dazu »eine neue Sichtweise auf Lernen und Innovation« – so umschreiben sie selbst das Ergebnis ihrer Entwicklungsarbeit. Wenn wir die Absorptive Capacity verstehen und wissen, wie wir uns dazu verhalten wollen, dann verstehen wir auch, wie wir unser Ökosystem einordnen müssen.

In jedem Innovationsprojekt steckt ein Lernprojekt.

Unabhängig von den damit verbundenen Zielen ist jedes Innovationsprojekt für die beteiligten Akteure auch ein Lernprojekt – schließlich machen wir damit etwas grundlegend Neues. Wäre es anders, sprächen wir von einem Erweiterungs- oder Optimierungsprojekt oder gäben ihm einen anderen, weniger progressiven Namen. Um Neues zu tun, muss man erst Neues *können*. Man muss hinzulernen.

Wie lernt eine Organisation? Genau das beantwortet die Theorie zur Absorptive Capacity. In erster Linie stehen lernende Menschen hinter einer lernenden Organisation. In einer Firma, die Innovationen vorantreibt, gibt es meist viele lernende Menschen, die ein **kollektives Wissen** aufbauen. Aus diesem Wissenspool ergeben sich Synergien, die eine einzelne Person nie zustande brächte, selbst wenn sie ein »Superhirn« wäre. Überdies kann sich das neue, von Menschen erworbene Wissen auch in firmeneigenen Datenbanken und besonders in künstlicher Intelligenz manifestieren.

Der Lernprozess, der zur Absorptive Capacity führt, startet mit dem Erkennen von neuem Wissen. Dazu benötigt man eine Vorstellung oder ein grundlegendes Verständnis davon, dass dieses Know-how grundsätzlich wertvoll für die Firma sein könnte. Es rückt ins Zentrum der Aufmerksamkeit. Von nun an beschäftigt man sich stärker mit dem Unbekannten, arbeitet sich immer tiefer ins Thema ein und verbindet das neue mit dem bestehenden Wissen.

Vorwissen, das mit den neuen Erkenntnissen ineinandergreift wie die Zahnräder eines Getriebes, ist wichtig für den Entwicklungsprozess. Ohne Vorwissen kann ich nicht verstehen, ob ein neues Thema überhaupt relevant ist. Das ist so, als würden Sie einem Analphabeten ein exzellentes Lehrbuch empfehlen. Selbst wenn es noch so einfach geschrieben ist, er muss zunächst Lesen gelernt haben, um den gedruckten Lehrstoff zu verarbeiten.

Anderes Beispiel: Stellen Sie sich vor, ein Experte für Biomedizin erzählt Ihnen mit leuchtenden Augen von einem bahnbrechenden, neuen Wirkstoff und zeigt Ihnen dafür eine ellenlange chemische Formel, die für Sie aussieht wie die Malereien in der Höhle von Lascaux. Sie fragen sich: Das Gekritzel soll ein Durchbruch sein? Wieso eigentlich? Was nützt das *mir*? Selbst wenn der Biomediziner Ihnen das Besondere des Wirkstoffs erklärt, dürfte es Ihnen schwerfallen, die Hintergründe des Gesagten zu verstehen und zu erkennen, was die neue Wunderformel bewirken kann.

Anders sieht es aus, wenn Sie selbst Biochemiker oder -mediziner sind. Dann haben Sie beim Anblick der Formel vielleicht ein Heureka-Erlebnis: Ihr Gehirn verbindet blitzschnell das vorhandene Wissen mit dem neuen und Sie erkennen die ganze Dimension des neuartigen Wirkstoffs. Möglicherweise fallen Ihnen sogar spontan weitere Anwendungen ein. So wirkt Vorwissen.

Ein zweiter, untrennbar damit verwobener Aspekt ist das eigene **Netzwerk**. Wissen entsteht weder in einer Black Box noch im luftleeren Raum. Wissen entsteht in einem konstruktiven, oft auch kreativen Austausch. Ein Unternehmen, das Expertise in einem Thema besitzt, wird mit vielen anderen Firmen, Organisationen, Instituten und Einzelpersonen vernetzt sein, die sich darin ebenfalls auskennen.

So ist es auch in unserem Beispiel von der neuen Wunderformel: Je verzweigter Ihr Netzwerk unter Biomedizinern ist, desto höher die Wahrscheinlichkeit, dass Sie genau diesem Experten mit seiner neuen Formel begegnen. Entstehen dann weiterführende Fragen oder benötigen Sie zusätzliche Unterstützung, hilft erneut das Netzwerk: Sie finden schnell Experten und Ratgeber, die Ihr Wissen immer mehr erweitern.

Ein negativer Effekt der Absorptive Capacity ist die reflexhafte Ablehnung des Unbekannten.

Neben diesen positiven Effekten von Vorwissen und Netzwerk gibt es auch einen negativen Aspekt der Absorptive Capacity: die intuitive Ablehnung des Unbekannten. Bin ich in einem Wissensfeld zu Hause und darin gut vernetzt, werde ich neuen Erkenntnissen aus dieser Peergroup grundsätzlich aufgeschlossen begegnen. Kommen die Ideen dagegen aus einer anderen, mir weniger vertrauten oder sympathischen Gruppe, meldet sich oft zunächst Skepsis an.

Vielleicht haben Sie das ja auch schon beobachtet: Da gibt es auf der einen Seite die hippen Kollegen aus dem Marketing und auf der anderen die Nerds aus der IT-Abteilung. Jeder hat ein klares Bild von den Leuten der anderen Peergroup. Die Marketeers sagen: »Einem ITler zu begegnen, ist für mich jedes Mal eine unheimliche Begegnung der dritten Art. Das sind diese langhaarigen, immer leicht nach Schweiß müffelnden Hacker, die ständig hinter ihren Monitoren kleben und mit Nicht-ITlern entweder gar nicht oder nur in Computerchinesisch interagieren.«

Die IT-Spezialisten denken auf ihre Art genauso ablehnend. Sie sehen »die Marketingschnösel als Labertaschen mit gegelten Haaren, die ständig Anglizismen absondern, ihr gutes Aussehen in Millionen von Selfies ins Netz rausblasen, aber noch nie etwas Substanzielles gemacht haben«.

Auf den ersten Blick gibt es zwischen diesen beiden Lagern so gut wie keine Überschneidungen (abgesehen von der Marke des Smartphones vielleicht). Der Versuch eines gruppenübergreifenden fachlichen Austauschs gleicht eher der Kontaktaufnahme mit einer außerirdischen Spezies. Weder die eine noch die andere Seite weiß, wie sie ihre Gedanken für die Gruppenfremden halbwegs verständlich darstellen kann.

Lernen Anna aus der IT und Justus aus dem Marketing sich jedoch persönlich kennen und arbeiten in einem abteilungsübergreifenden Projekt zusammen, ändert sich das Bild: Anna ist sehr auf ihr Äußeres bedacht und in der Freizeit Hobby-Barkeeperin in einem angesagten Club, den Justus auch schon immer mal besuchen wollte. Der erweist sich als recht bodenständig und schraubt in der Freizeit gerne an seiner Vespa herum – was Anna toll findet. Und da man über den Austausch im Projekt die Fachdisziplin des Gegenübers immer besser versteht und sich sogar einige Fachbegriffe aneignet, klappt auch die Zusammenarbeit überraschend gut.

Das Beispiel von den IT-lern und den Marketeers erklärt schön das sogenannte NIH- oder *Not-invented-here-Syndrom*: Das Fremde, das von außen kommt und das man nicht versteht, wird abgelehnt. Es sträubt sich in einem alles gegen das, was »nicht hier erfunden« wurde, getreu dem Sprichwort: »Was der Bauer nicht kennt, das frisst er nicht.« Habe ich jedoch Vorwissen, ist das Fremde nicht mehr fremd. Und habe ich dann auch noch eine persönliche Vernetzung zur Wissensquelle, ist es mir sogar sympathisch.

Das Wissen und das Netzwerk müssen einen klaren Fokus haben.

Entscheidend für die durch Lernen vergrößerte Absorptive Capacity ist: Sowohl Wissen als auch Netzwerk müssen einen klaren Fokus haben. Nach dem Gießkannenprinzip zufällig eingestreute Wissensströpfchen werden nur in den seltensten Fällen zu bahnbrechenden Innovationen führen. Ebenso wird sich aus Personen ohne jegliche Gemeinsamkeit kaum ein Netzwerk bilden.

Allerdings: Je mehr ich mich in einem Feld vernetze, je mehr ich in einer Disziplin lerne, desto weniger kann ich mich anderen Feldern widmen. Mein Tag hat schließlich nur 24 Stunden und mein Gehirn nur ein Volumen von 1,3 Litern. Weder in das eine noch in das andere kann man unendlich viel hineinquetschen. Deshalb ist das NIH-Syndrom bei Experten besonders ausgeprägt. Sie widmen ihre neuronale Kapazität fast ausschließlich einem Thema. Anderes findet kaum noch Platz. Der Volksmund spricht dann von »zerstreuten Professoren«, böse Zungen von »Fachidioten«.

Innerhalb der eigenen Disziplin können sich die Experten für neue Erkenntnisse überschäumend begeistern und sie dank ihres Netzwerks und Vorwissens auch schnell und effizient lernen. Aus diesem Grund entwickeln sich Firmen immer entlang eines »Trampelpfads«, der sich aus dem Vorwissen und dem bestehenden Netzwerk entwickelt. In einem Feld mit hoher Absorptive Capacity nehmen sie neues Wissen besonders effizient auf. Und wo sie rasch hinzulernen, da innovieren sie auch schnell und bringen neue Produkte auf den Markt. Damit wächst der Trampelpfad in jeder Dimension und kann sich in Zukunft noch besser ausdehnen.

So entsteht ein Kreislauf, der so lange den Wettbewerbsvorteil der Firma sichert, wie das Wissensfeld relevant ist. Aber wehe, es erscheint ein neues Feld und der Markt entzieht dem Unternehmen seine Gunst. Dann lähmt das NIH-Syndrom die Bereitschaft, sich auf fremde Innovationsfelder einzulassen, für die weder Vorwissen noch ein Netzwerk vorhanden sind.

So war es in der deutschen Automobilindustrie, lange die unangefochtene Nummer Eins der Welt. Dann kam Tesla mit seinen Elektroautos um die Ecke und avancierte zum Platzhirsch in einem neuen Wissensfeld. Wenig später präsentierten die Chinesen ihre (mit staatlichen Subventionen massiv unterstützten) smarten, elektrisch angetriebenen Fahrzeuge. Die deutschen Autobauer hatten es sich zu lange in ihrer Wissensdomäne bequem gemacht. Jetzt hecheln sie den anderen hinterher, um verlorenes Terrain zurückzugewinnen.

Was folgt aus diesen Erkenntnissen für das Thema Innovation?

Wenn Sie mit Ihrer Firma in einem für Sie unbekannten Feld innovieren wollen, müssen Sie dazu erst einmal Vorwissen aufbauen. Sie sollten sich zudem möglichst mit dem Innovationsfeld vernetzen, etwa durch explorative Projekte, wie es die Schweizerische Post mit dem Drohnenhersteller Matternet getan hat. Auch Kooperationen und die gute alte Weiterbildung eignen sich zum Aufbau von Vorwissen und Vernetzung.

Über eines sollten Sie sich jedoch im Klaren sein: Das Not-invented-here-Syndrom dürfte in Ihrer Belegschaft weit verbreitet sein. Nur eine Minderheit wird sich enthusiastisch auf etwas völlig Neues einlassen, das alles bisher Dagewesene auf den Kopf stellt. In Zeiten von Personalknappheit und hoher Arbeitsauslastung gilt das umso mehr. Wem das Wasser in Projekten des Kerngeschäfts bereits bis zur Oberkante Unterlippe steht und wer jeden Abend nicht vor neun Uhr aus dem Büro kommt, wird sich kaum noch für eine Weiterbildung am Wochenende begeistern.

Ganz entscheidend für die Akzeptanz ist auch, inwiefern die Innovation das Selbst- und Berufsbild der Mitarbeiter ändern würde. Welche Hürden sich hier aufbauen können, habe ich in einem Beratungsprojekt bei einer Bank erlebt.

Widerstände in einer Bank

Das Finanzinstitut wollte über ein Ökosystem mit Schwerpunkt Gebäudeerneuerung zukünftig auch Reparatur- und Sanierungsleistungen von Partnern verkaufen. Die Kundenschnittstelle sollte bei den vorhandenen Beratern bleiben. Das Team hatte bis dahin Hypotheken angeboten. Daraus hätten sich wirtschaftlich sinnvolle Synergien ergeben können: Wer sein Eigenheim saniert, braucht Geld. Und wenn sich die Bank schon bei Sanierungsplanung als starker Partner erweist, wird man bei ihr wahrscheinlich auch gleich die Hypothek abschließen.

Die Kundenberater fanden diese Idee jedoch weniger prickelnd: »Ich bin Bankberater. Ich möchte Bankprodukte verkaufen. Wenn ich Lust auf Handwerkerleistungen hätte, wäre ich Elektriker geworden.« Das war noch eines der netteren Feedbacks, die man bei der Vorstellung des Innovationsprojekts bekam.

Wenn sich also bei den von einer Innovation Betroffenen der fachliche Inhalt und damit auch ihre gefühlte Identität ändert, werden sie sich nur schwer für das neue Thema gewinnen lassen. In der Forschung sprechen wir von *Change-Barrieren*, die einem Innovationsvorhaben im Wege stehen, selbst wenn der Initiator eine Rolle grundsätzlich einnehmen könnte. Um zu bewerten, ob eine Abteilung oder ein Geschäftsbereich dazu bereit ist, die nötige Absorptive Capacity für ein neues Innovationsfeld aufzubauen, sollten Sie die folgenden Fragen klären:

- Ist das Vorwissen und Netzwerk vorhanden, um in diesem Feld zu lernen?
- Falls nicht: Gibt es bei den Mitarbeitern genug freie Zeit und Energie, um sich dieses neue Wissen anzueignen?
- Wird das Innovationsvorhaben das Selbstverständnis sowie den Lebens- und Berufsalltag der Menschen nicht oder nur unwesentlich ändern?

Falls diese Fragen zu einem positiven Ergebnis führen, können die betroffenen Organisationseinheiten wahrscheinlich die erforderliche Absorptive Capacity entwickeln. Sofern Sie die zweite und/oder dritte Frage klar verneinen müssen, werden sich gegenüber den nötigen Veränderungen vermutlich kaum überwindbare Hindernisse auftürmen. Diese Change-Barrieren zu ignorieren, hieße ziemlich sicher, die Ökosysteminitiative in den Sand zu setzen.

Die fehlende Bereitschaft von Mitarbeitern, sich auf Neues einzulassen, ist ein Ökosystemkiller. Sie einfach zu ignorieren, wird die Initiative ziemlich sicher scheitern lassen.

Wir können solche Barrieren auch als Herausforderung ansehen. Um sie zu überwinden, müssen wir Zeit und Geld investieren, sowohl in die Ausbildung wie auch in den Kulturwandel. Wie hoch dieser Aufwand ausfällt, kann ein Experte für Change-Management abschätzen. Solche Spezialisten verfügen über Werkzeuge wie Kompetenzanalysen oder das Organisationsradar, mit deren Hilfe sich im Unternehmen die Bereitschaft zu Veränderungen messen lässt.

9.3 Organisatorische Umsetzung der Ökosysteminitiative

Soll Ihr Innovationsökosystem ein Erfolg werden, dann kümmern Sie sich bitte mit Priorität um die Barrieren, die den zu erwartenden Veränderungen im Wege stehen. Und rollen Sie einen roten Teppich aus für Synergien, die sich aus den Ressourcen und Fähigkeiten der Organisation ergeben und Ihr Innovationsvorhaben voranbringen können. Leider ist das eine oft der Feind des anderen. Vorhandenes Potenzial darf nicht von Vorbehalten blockiert sein, um es abrufen und ausbauen zu können.

Sie kennen bereits die drei Rollen in einem Business-Ökosystem: Orchestrator, Kundenschnittstelle und Modullieferant. Zumindest theoretisch. Aber wie sieht es nun in der Praxis aus? Wie können wir unser Ökosystem organisatorisch umsetzen?

Kundenschnittstelle oder Modullieferant

Wenn Sie in Ihrem Ökosystem als Kundenschnittstelle oder Modullieferant auftreten, werden davon üblicherweise auch Mitarbeiter des Kerngeschäfts und der Kernabteilungen der Firma betroffen sein: Softwareentwickler, Konstrukteure, Kundenberater etc. Diese Personen haben Wissen, Fähigkeiten, Erfahrungen, Kundenbeziehungen, die uns für diese Rollen qualifizieren. Die Teams gehören zu Abteilungen, die wiederum in der Organisation verankert sind.

Wenn somit in den genannten Feldern das Know-how und die Akzeptanz vorhanden sind, können wir diese Rollen gut einnehmen. Wir müssen sie dann nur noch organisatorisch verankern, beauftragen also die bestehenden oder neu geschaffenen Fachabteilungen damit, die Rollen umzusetzen: Mitarbeiter des Produktmanagements, der Entwicklung oder des Vertriebs erhalten ein auf das Ökosystem zugeschnittenes Tätigkeitsprofil und sie werden in die darauf abgestimmten Prozesse eingebunden. Je nach Bedarf sind sie für ihre neuen Aufgaben auch zu schulen.

Fehlt indes die grundlegende Wissensbasis oder die Akzeptanz für das neue Thema, bleiben dem Initiator zwei Möglichkeiten: Delegation oder Transformation. Option eins bedeutet, die Rolle einem anderen Partner im Ökosystem zu übertragen. Option zwei, die Transformation, bezieht sich auf die Organisationsteile, die sich gegen die Initiative sperren. Sie müssen sich verändern. So könnte die Firma in den betroffenen Abteilungen Know-how und Motivation aufbauen, um die Rolle mitzutragen. Das bedeutet, sie organisatorisch umzusetzen und mit Leben zu erfüllen.

Orchestrator

Der Orchestrator ist ein Sonderfall. Wir benötigen nicht allzu viele Mitarbeiter, um diese Rolle auszukleiden, egal ob wir operativer oder strategischer Orchestrator sind (oder beides gleichzeitig). Meist reichen dafür maximal drei Mitarbeiter: einer, der am Ruder sitzt, sowie ein bis zwei Assistenten. Fehlt es im Haus an den geeigneten Experten, könnten wir sie einstellen.

Sofern diese Rekrutierung »von oben« ihren Segen erhält.

Denn wie schon bei der Strategieentwicklung fürs Ökosystem müssen wir die oberste Führungsebene auch bei der organisatorischen Umsetzung berücksichtigen. Die Herren und Damen der Geschäftsleitung sind ja nicht beliebig austauschbar. Und am Ende des Tages werden sie die wichtigsten Entscheidungen treffen.

»Ober sticht Unter.« Diese Regel aus dem Kartenspiel Schafkopf gilt auch für Unternehmen. Selbst wenn wir die Rolle des Orchestrators mit eigenen Mitarbeitern vorantreiben könnten, muss sie das Topmanagement auch verstehen. Mangelt es diesbezüglich an Durchblick, müsste das grundlegende Wissen erst aufgebaut werden. Das dürfte sich allerdings schwierig gestalten, so ausgelastet wie die Mitglieder der Geschäftsleitung gewöhnlich sind. Zudem werden sich die wenigsten Geschäftsführer von einem untergeordneten Ökosystemmanager auf eine Fortbildung schicken lassen.

Wenn es also in unserem Topmanagement starke Change-Barrieren gibt, sind wir vermutlich kein geeigneter Orchestrator. Da helfen dann auch die besten Experten nicht. Falls nicht, können wir diese Rolle jedoch grundsätzlich einnehmen. Falls wir enge Synergien und Lerneffekte mit der Organisation anstreben und auch vom Kerngeschäft keine starken Abstoßungsreaktionen zu erwarten sind, können wir die Orchestratorenrolle in einer geeigneten Abteilung des Kerngeschäfts anhängen. Im Falle zu erwartender organisationaler Wiederstände entkoppeln wir die Orchestratoren von der Linie.

Ein zusätzlicher und hiervon unabhängiger Aspekt, der für die Umsetzung der Rolle des Orchestrators zu berücksichtigen ist, betrifft die Finanzmittel für den geplanten großen Innovations- und Wachstumsschub. Sind diese seitens des Mutterhauses begrenzt, könnte eine Auskopplung der Ökosysteminitiative als Spin-Off oder Joint Venture Sinn ergeben. So können externe Investoren oder Partner des Ökosystems Anteile erwerben und dafür Finanzmittel einbringen. Dies kann auch im Fall von Branding-Problemen Sinn ergeben: zum Beispiel, wenn ein traditionelles Unternehmen über ein Ökosystem eine sehr innovative Initiative lancieren möchte, die Kunden oder auch Partner ihnen aber hierfür nicht die nötige Glaubwürdigkeit attestieren.

9.4 Welche Infrastruktur brauche ich?

Jedes Business-Ökosystem steht auf dem Fundament einer Infrastruktur aus Informationstechnik (IT), rechtlichen Rahmenbedingungen einschließlich Patentrecht und anderem mehr. Diese Elemente gelten auch für klassische Lieferketten und Firmenkooperationen. Deshalb wollen wir sie in einem Buch, in dem es hauptsächlich um die neuen Aspekte des Ökosystemkonzepts geht, nur kurz streifen. Dieser Abschnitt ist sozusagen der Knoten in Ihrem Taschentuch, damit Sie diese Aspekte im Blick behalten.

Wie Sie an den zuvor gezeigten Beispielen sehen, fußen die meisten Plattform- und Innovationsökosysteme auf IT-Strukturen, die es von der Stange gibt:

- Cloud-Computing
- Netzwerklösungen
- Security-Architekturen
- Onlineshops
- Telekommunikation
- Zahlungsabwicklung, online und am Verkaufsort (PoS)
- Enterprise Resource Planning (ERP)
- etc.

Diese und weitere Elemente sollten unbedingt auf Ihrem Zettel stehen, denn sie sind für das Management des Ökosystems unerlässlich. In fast allen Fällen werden Sie dafür Standardmodule finden, die sich auf Ihre individuellen Bedürfnisse hin konfigurieren oder anpassen lassen.

Die **IT**-Komponente spielt vor allem bei Plattformökosystemen eine zentrale Rolle und ist von Anfang an zu integrieren. Hier gibt es viele Lösungen aus der Schublade, die selbst hohen Ansprüchen genügen. Ein Beispiel dafür sind die Amazon Web Services (AWS), die sogar bei großen Plattformen wie Dropbox und Netflix im Hintergrund werkeln.

Nicht immer kommt man um eigene Softwaremodule herum. Manchmal müssen Schnittstellen zu Standardlösungen entwickelt werden. Oder Sie wollen Ihren Nutzern ein Programminterface (API) zur Verfügung stellen, damit die Plattform in automatisierte Prozesse eingebunden werden kann. Wenn man den allgemeinen Fachkräftemangel einmal außen vorlässt, dann gibt es eine große Zahl versierter IT-Spezialisten für individuelle Lösungen.

Bei einem Innovationsökosystem sind die Prioritäten oft anders verteilt. Ein Cloud-Dienst oder ein Onlineshop etwa können erst kurz vor dem Marktgang eingebaut werden. Wenn die Software indes ein elementarer Bestandteil des Wertangebots ist, genießt sie Priorität. So war es bei Tailored-Fits mit den Programmen, welche die beim Scannen von Füßen anfallenden Daten für den 3D-Druck vorbereiten. Solche IT-Module sollte man früh ins Ökosystem integrieren, damit sie ausgiebig getestet und bei Bedarf optimiert werden können.

Bitte geben Sie auch dem **Schutz** Ihrer Infrastruktur **vor Cyber-Attacken** einen Platz weit oben in Ihrer Prioritätenliste. Viele Unternehmen behandeln dieses Thema immer noch viel zu stiefmütterlich. Dabei hat ungefähr die Hälfte der Firmen schon einmal einen Cyber-Angriff erlebt, wie das Statistikportal *Statista* beschreibt:

> *»Eine weltweit durchgeführte Umfrage aus dem Jahr 2022 ergab, dass rund 46 Pr zent der befragten Unternehmen in Deutschland mindestens ein Mal Opfer einer Cyber-Attacke geworden waren. Im Durchschnitt gaben rund 49 Prozent der befragten Unternehmen aus den verschiedenen Ländern an, in den letzten 12 Monaten mindestens eine Cyber-Attacke erlebt zu haben.«*[1]

Besonderes Augenmerk verdienen überdies **rechtliche Fragen** wie solche zum geistigen Eigentum *(Intellectual Property)*. Um hier in keine Falle zu tappen, sollten Sie unbedingt Spezialisten wie Medienanwälte hinzuziehen, die sich im Urheber- und Markenrecht auskennen. Auch versteht es sich von selbst, mit den Modullieferanten im Innovationsökosystem die Verteilung des geistigen Eigentums rechtssicher zu regeln.

---

1 Statista Research Department, 22. 08. 2022

Lassen Sie sich unbedingt rechtlich beraten, sobald Sie das Wertangebot grob definiert haben.

Es gibt rechtliche Fragen, die der juristische Laie gar nicht auf dem Schirm hat. So darf man mit einigen Partnern aus kartellrechtlichen Gründen nicht zusammenarbeiten. Auch manche Branchen haben eigene Regeln, die es zu beachten gilt, um nicht »rauszufliegen«, nachdem schon viel Zeit und Geld investiert worden ist.

Solche Fragen zu klären, ist zum Glück genauso wenig Zauberei wie ein Cloud-Dienst oder die ERP-Software. Letztlich ist auch ein Rechtsanwalt oder Justiziar eine Standardlösung, halt auf zwei Beinen. Wichtig ist nur: Ziehen Sie diese Experten möglichst früh zu Rate, sobald Sie die Value Proposition grob definiert haben. Im Ökosystem stellen sich die gleichen Fragen wie bei klassischen Modellen der Kooperation. Ihr Rechts- oder IT-Beistand des Vertrauens kann Ihnen also problemlos weiterhelfen.

Und danach geht es an die konkrete Umsetzung des Ökosystems. Im dritten Teil unseres Buches beschäftigen wir uns mit Fragen rund um dieses Praxisthema.

III Die Umsetzung

Operative Kniffe für erfolgreiche Ökosysteme

Beschäftigen wir uns nun damit, wie man konkret ein Innovations- oder ein Plattformökosystem aufbaut. Um welche Themen muss ich mich dabei kümmern, um aus der gewählten Strategie eine Erfolgsstory zu machen?

Sie erinnern sich vielleicht noch an die Geschichte der Helvetia Versicherung. Der Konzern wollte mit einem umfassenden Angebot rund ums Wohnen mehr Kunden gewinnen, was sich auch belebend auf das Kerngeschäft, den Verkauf von Versicherungen, auswirken sollte. Hierzu hatte Helvetia ein Gebilde aus mehreren Business-Ökosystemen aufgebaut, das als Ganzes wiederum ein Industrie- oder Branchenökosystem bildet. Der Hypothekenvergleich und andere Services mussten darin als Plattformökosystem orchestriert werden. Parallel dazu entstand rund um die Immobiliensuche mit dem Partner MoneyPark ein Innovationsökosystem mit seinen eigenen Erfordernissen für die Orchestrierung.

Ihr eigenes Ökosystem mag zwar weniger komplex sein, doch die vorstehend beschriebene Grundlogik ist immer die Gleiche. Beim Aufbau Ihres Partnernetzes werden Sie sich daher vielen grundlegenden Herausforderungen stellen müssen, die auch Helvetia zu meistern hatte. Sehen wir uns diese nun Punkt für Punkt genauer an, und zwar zunächst für Innovations- und danach für Plattformökosysteme.

10 Innovationsökosysteme: Gemeinsam stärker sein

Die Entscheidung für ein Innovationsökosystem ist die bewusste Wahl eines anspruchsvollen Konzepts. Es liegt nun mal in der Natur von Innovationen, neue, ungewohnte Wege zu beschreiten. Hierzu begibt man sich in die gegenseitige Abhängigkeit mit Partnern, was früher oder später auch zu Unstimmigkeiten führen kann. Mit solchen Problemen zu rechnen, ist der erste Schritt zu ihrer Lösung. Denn nicht der Konflikt an sich beschwört eine Krise herauf, sondern die Art, wie man damit umgeht. Kompromissbereitschaft ist da schon mal ein guter Anfang.

Ist jeder bereit, ab und zu über seinen eigenen Schatten zu springen, kann ein iterativer Prozess in Gang gehalten werden: In seinem Verlauf muss manches angepasst, nachgebessert oder sogar neu festgelegt werden. Im Extremfall mag es zwischendurch auch einmal zu einem Neustart kommen. Doch am Ende kann daraus etwas Großartiges entstehen, das ein Akteur allein nie zu Wege gebracht hätte.

Die Gefahr des Scheiterns ist in einem Innovationsökosystem immer gegeben. Doch die Last des Risikos ist auf mehrere Schultern verteilt.

Die Gefahr des Scheiterns ist in einem Innovationsökosystem zwar immer gegeben, aber das Partnernetz verteilt diese Last auf mehrere Schultern. Für den einzelnen Akteur ist das Risiko also zwar immer real, aber weniger existenziell. Und wenn man von Anfang an mit der richtigen Strategie an den Start geht, sind die Erfolgsaussichten größer.

10.1 Das Wertangebot: Nutzenbooster oder Rohrkrepierer

In den unvermeidlichen Meetings und Präsentationen zu Beginn eines Innovationsökosystems fährt man oft schwere Geschütze auf, aber am Ende kommt nur heiße Luft heraus. Woran liegt das? An falschen Fragen wie:

- Wie können wir mit unseren bewährten Partnern ein Ökosystem aufbauen?
- Welche Anreize können wir unseren Partnern geben, damit sie bei uns mitmachen?

Nicht wenige Innovationsökosysteme, die so starten, enden als Rohrkrepierer. Warum sind sie von Anfang an zum Scheitern verurteilt? Weil man zu spät die Kundenperspektive berücksichtigt hat. Stattdessen sucht man zuerst den Partner und definiert dann die Value Proposition gemäß dem, was der kann, nicht gemäß dem, was der Kunde braucht.

Es liegt in der Natur der Sache, dass bei einem solchen Herangehen jeder Partner beim Brainstorming zum Nutzenversprechen als Erstes Vorschläge aus seinem eigenen Kerngeschäft bringt. Er bevorzugt, was er schon kennt, und will verkaufen, was er schon hat. Das hat – Sie erinnern sich? – mit seiner Absorptive Capacity zu tun, die eine innere Barriere gegen alles Neue aufbaut. In einer solchen Konstellation sehen die Partner zuerst die Probleme, aber noch lange keine Value Proposition. Dabei kommt bestenfalls ein neuer Aufguss bestehender Produkte heraus. Und wo bleibt da die Innovation?

Nirgendwo.

Jedes Innovationsökosystem sollte mit Fragen beginnen wie:

- Wer ist mein Kunde und was will er?
- Welche Grundbedürfnisse hat unsere Zielgruppe?
- Was würde ihr das Leben leichter machen?
- Wie sonst könnte ich Kunden einen echten Mehrwert bieten?
- Mit welchem Wertangebot kann ich sie so sehr begeistern, dass sie unser nicht gerade billiges Produkt kaufen?

Erst wenn das Nutzenversprechen initial definiert und im besten Fall schon mit Prototypen getestet ist, hole ich mir für die Modulentwicklung passende Partner ins Boot. Das sind dann Firmen oder auch einzelne Spezialisten, die einen essenziellen Beitrag zu unserem Business Case leisten können. Sie müssen auch bereit sein, für ein Stück des Kuchens in eigene Innovationen zu investieren und ihr Teil des Gesamtrisikos zu tragen, das jedes Innovationsökosystem mit sich bringt. Wird also zuerst ein starkes

Wertangebot für unsere Zielgruppe definiert, entsteht für die Partner eine echte Motivation, etwaige Bedenken zur Seite zu schieben und sich »richtig reinzuhängen«.

Wenn Sie auf diese Reihenfolge achten, suchen Sie nur die Partner, die Sie brauchen. Sie müssen vermutlich auch weniger Überzeugungsarbeit leisten, weil es einen Wurstzipfel gibt, mit dem Sie neue Partner ködern können. Mit dieser Herangehensweise wird Ihr Innovationsökosystem höchstwahrscheinlich kein Rohrkrepierer, sondern eine wahre Nutzenexplosion.

Wenn die Value Proposition nicht im Fokus steht

Das beschriebene Vorgehen zum Aufbau von Ökosystemen scheint völlig logisch zu sein. Aber man neigt in der Praxis dennoch dazu, alles falsch zu machen und von den Partnern her zu starten. Das habe ich am eigenen Leib erfahren. Ich wollte in einem eigenen, von mir geleiteten Projekt ein Ökosystem im Bereich Smart City aufbauen. Da ich ein paar spannende Firmen in dem Feld kannte und diese mich angefragt hatten, haben wir erste Workshops gemacht, um potenzielle Aktivitäten für ein Ökosystem zu definieren. Es schien, als ob spannende Value Propositions vorhanden seien. Als diese sich nach den ersten Diskussionen als nichtig erwiesen haben, es jedoch sofort weitere Ideen gab, folgte ein Workshop dem nächsten. Wir kamen aber nie dazu, eine wirklich gute Value Proposition zu finden, die allen gepasst hat. Nach und nach ist ein Partner nach dem anderen abgesprungen, da sie nicht noch weitere fruchtlose Workshops machen wollten. Die Initiative ist daher gescheitert. Erst danach wurde mir bewusst, dass wir ein Ökosystem von den Partnern, nicht jedoch von den Kunden her aufgebaut hatten. Genau das Vorgehen also, das ich in meiner eigenen wissenschaftlichen Forschung als falsch identifiziert hatte. Und daher auch all meinen Kunden in Beratungsprojekten immer ausgeredet und ihnen erklärt hatte, dass man Ökosysteme immer von der Value Proposition her aufbaut. Und kaum baue ich mein erstes eigenes Ökosystem in der Praxis auf, wähle ich genau dieses falsche Vorgehen. Peinlich!

Implikation: Wir hätten mit den initialen Partnern Ideen für Value Propositions sammeln können, ohne diese aber tiefer zu diskutieren. Im Schwerpunkt hätten die Diskussionen aber auf die Definition eines Feldes gerichtet werden müssen, in dem wir dann vom Kunden herkommend Value Propositions entwickeln und bereits gefundene Value Propositions hätten testen können. Anschließend hätte geprüft werden müssen, ob die vorhandenen Partner zu diesen Value Propositions passen – falls nicht, wären sie nicht im Ökosystem dabei. Der Königsweg wäre jedoch gewesen, ohne Partner direkt vom Kunden und seinen Bedürfnissen zu starten.

Diese Anekdote ist auch ein schönes Beispiel, wieso Wissen und Kompetenz nicht das Gleiche sind und wieso man als Berater und Forscher demütig sein sollte.

10.2 Wie stark muss das Wertangebot sein?

Bevor wir mit dem Aufbau eines Innovationsökosystems beginnen, kommt es also auf eine starke Value Proposition an. Aber wie definiert man so ein verlockendes Wertangebot? Dafür müssen wir das Rad nicht neu erfinden, sondern wir orientieren uns am klassischen Innovationsmanagement. Mit seinen Werkzeugen können wir neue Ideen entwickeln, erproben, die wirtschaftlich sinnvollsten Entwürfe umsetzen und dann verwerten. Eine bewährte Vorgehensweise für die ersten beiden Schritte ist der sogenannte »Design-Thinking-Prozess«.

Über das Produktdesign hinaus gibt es in einem Innovationsökosystem einige spezielle Aspekte, auf die Sie unbedingt achten sollten:

- Behalten Sie bei der Planung des Ökosystems immer die **zusätzliche Aufwandskomponente** im Blick. Sie entwickeln Ihr Wertangebot ja nicht allein auf der grünen Wiese, sondern in einem Netz von Partnern. Die Abstimmung unter diesen Akteuren ist aufwendiger, als wenn einer allein die Innovation stemmen könnte. Eine durch die Forschung belegte Faustregel besagt, dass man zur Koordinierung von drei bis vier Partnern das Äquivalent von zwei oder sogar drei Vollzeitstellen[1] braucht.
- Damit sich die Partner untereinander vernetzen können, muss ggf. die Hardware und/oder Software der IT aufgerüstet, gemanagt und gewartet werden. Damit sind ebenfalls Kosten verbunden.
- Hinzu kommt das schon erwähnte Ausfallrisiko, das sich aus den Abhängigkeiten zwischen den Partnern ergibt. Auch dieses sollten wir einpreisen.
- Selbst im Falle eines Erfolgs müssen wir einen weiteren Aufwand einkalkulieren, den man als **Co-Marge** bezeichnen könnte. Diese errechnet sich aus der Differenz der Erträge, die wir in einem Innovationsökosystem und in einer klassischen Lieferkette mit den Lieferanten teilen. Im Ökosystem werden Sie den Partnern ein größeres Stück vom Kuchen abgeben müssen, damit am Ende jeder zufrieden ist. Das ist der Preis den Sie dafür zahlen, mit einer begeisternden Innovation einen wirtschaftlichen Erfolg einzufahren und zusätzlich Ihr Renommee als innovatives Unternehmen zu stärken.

Die Value Proposition muss wegen der zusätzlichen Aufwandskomponente stark genug sein, um das erhöhte Risiko durch den späteren Vorteil (Benefit) aufzuwiegen.

Und dann kommt noch etwas dazu: Auf der IAA, der Internationalen Automobilausstellung, sieht man aufregende Prototypen von Autos, die in den seltensten Fällen so

[1] Fachsprachlich: Full Time Equivalent (z. B. zwei Halbtagsstellen = 1 FTE)

auf die Straße kommen, wie man sie im Scheinwerferlicht funkeln sieht. Während ein Innovationsökosystem mehrere Schritte der Optimierung durchläuft, ist es oft ganz ähnlich: Der Fokus verschiebt sich weg vom Kunden hin zu den Partnern. Die Akteure erkaufen sich gleichsam ein Plus an Stabilität für ihr Ökosystem durch ein Minus bei der Innovation. Diese in der Praxis oft zu beobachtende Entwicklung mahnt ebenfalls dazu, von Anfang an genügend Reserven ins Nutzenversprechen einzubauen. Selbst wenn es dann Kompromisse bei der Value Proposition gibt, kann das Angebot sowohl Partner wie Kunden immer noch vom sprichwörtlichen Hocker reißen.

Leitsatz: So viele Partner wie nötig, so wenige wie möglich.

Um ein Ausufern des Aufwands zu vermeiden, definieren Sie die Value Proposition für Ihr Innovationsökosystem nach dem Leitsatz: »So viele Partner wie nötig, so wenige wie möglich.« Besser ist es, das Sahnehäubchen auf dem Nutzenversprechen wegzulassen, als sich zu viele Partner und damit zu viel Koordinationsaufwand und Ausfallrisiko einzuhandeln.

Im Idealfall kommt man mit zwei bis drei Ökosystempartnern aus. Zulieferer, mit denen wir harte Verträge schließen, zählen dabei nicht mit. Diese können wir mit den klassischen und effizienten Methoden des Supply-Chain-Managements koordinieren.

Wer mit einem etwas kleineren Nutzenversprechen und einem weniger komplexen Partnernetz startet, wird in aller Regel früher Erfolge feiern. Dies hält die Partner wie auch das eigene Topmanagement bei der Stange. Gerade bei digitalen Produkten ist dieses schrittweise Innovieren relativ leicht. Für all diese zusätzlichen, ökosystemspezifischen Kosten gilt die Faustformel: Sie sind umso höher, je größer der Grad an Co-Spezialisierung ist. Bild 10.1 fasst diese Aspekte zusammen.

Bild 10.1 Schematische Darstellung der nötigen Stärke des Wertangebots eines Innovationsökosystems (VP = Value Proposition)

Problem »Corporate-Denkweise«

Das größte Problem bei der Definition eines starken Wertversprechens sind in der Praxis meist die Corporate-Denkweisen: Bei den meisten Beratungsprojekten zeigt der Kunde einen Projektplan wie diesen: Start im Januar mit der Definition des Wertversprechens. April ist Präsentation desselben vor dem Topmanagement und Freigabe der Budgets. Das funktioniert, wenn wir bis dahin unser Wertversprechen definiert haben. Aber dieser Prozess ist ein kreativer. Wenn wir Glück haben, verfügen wir bis April über eine tolle Value Proposition. Wenn nicht, müssen wir noch mal iterieren, noch mal zurück zur Ideation, noch mal das Thema aus einer anderen Perspektive beleuchten. Noch mal Kunden befragen. Und dann dauert der Prozess vielleicht bis August. In der Praxis geht das aber nicht, wenn im April das Management-Meeting ist, bis zu dem man eine finale Value Proposition braucht. Daher wird der Prozess der Value-Proposition-Definition meist unter Zeitdruck und viel zu kurz betrieben, um bis zum Management-Meeting etwas Vorzeigbares zu haben.

Bitte beachten: Die Definition einer Value Proposition ist relativ billig – im Wesentlichen Personalkosten. Teuer wird es, sobald wir Partner reinnehmen und uns an die Produktentwicklung machen. Wieso also diese Phase der Value-Proposition-Definition künstlich verkürzen, obwohl wir mit dem Testing und Prototyping spätere Risiken senken können? Und mit einer starken Value Proposition die Erfolgsaussichten der ganzen Initiative massiv erhöhen? Diese Phase ist somit nicht nur die Wichtigste, sondern auch die kreativste im gesamten Ökosystemaufbau. Kreativität funktioniert aber nicht nach Zeitplan. Sie dauert so lange, wie sie eben dauern muss. Wenn das Topmanagement dies nicht versteht, dann fehlt es auch am Grundverständnis für Innovation und dann sollten wir erst einmal das Management sensibilisieren, bevor wir an Ökosysteme denken!

10.3 Produktentwicklung im Ökosystem: Auf die Balance kommt es an

Nehmen wir an, Sie hätten eine starke Value Proposition definiert und dazu die idealen Partner ins Boot geholt. Wie entwickeln wir jetzt gemeinsam ein Innovationsökosystem und wie funktioniert die vernetzte Produktentwicklung? Grundsätzlich unterscheidet sich diese in einem Ökosystem nicht von derjenigen in anderen agilen Partnerschaften. Die meisten etablierten Unternehmen haben damit bereits Erfahrungen. Typischerweise kann ein idealer Partner solches praxiserprobte Wissen bereits vorweisen.

10.3.1 Risiko Co-Spezialisierung

Als wir in einer wissenschaftlichen Untersuchung[2] unterschiedlichste Produktentwicklungen analysiert haben, offenbarten sich einige Besonderheiten von Innovationsökosystemen. Diese Aspekte sind abhängig von der sogenannten **Co-Spezialisierung**. Was ist darunter zu verstehen?

Wenn viele Partner ihre Module für das Innovationsökosystem neu entwickeln oder in zahlreichen Details aneinander anpassen, sprechen wir von einem hohen Grad an Co-Spezialisierung.

Der Grad der Co-Spezialisierung im Ökosystem ist umso höher, je mehr Partner eines Ökosystems ihre Module aneinander anpassen müssen. Auch wenn sie die Module neu entwickeln und implementieren und dabei in zahlreichen Details aufeinander eingehen, sprechen wir von einer hohen Co-Spezialisierung. Eine solche erfordert gewöhnlich viele Abstimmungen in der Entwicklung und/oder im späteren Betrieb. Zumindest phasenweise müssen sich die einzelnen Partner eng miteinander verzahnen. Niedrig ist die Co-Spezialisierung dagegen, wenn jeder »im stillen Kämmerlein« seine Blackbox entwickelt oder ein Modul schon weitestgehend existiert und am Ende nur alles zusammengesteckt wird.

Der Grad der Co-Spezialisierung kann in der Praxis sehr einfach bestimmt werden mit der Frage, zu welchem Anteil das Modul auch jenseits des Ökosystems verwendet werden kann. Kann der Partner es in dieser Form mit allenfalls kleinen Anpassungen in einem anderen Setting auch einsetzen und damit für sich selbst ähnlichen Wert generieren? Dann ist die Co-Spezialisierung gering. Kann das Modul hingegen außerhalb des Ökosystems nicht mehr vernünftig genutzt werden, weil ein Großteil der eingesetzten Entwicklungsumfänge spezifisch ist? Dann ist der Grad hoch.

Die Co-Spezialisierung ist ein wesentlicher Treiber für das Risiko eines Partners. Investiert er in teure Spezialentwicklungen, die sich nur im Kontext des Ökosystems amortisieren können, zeugt dies von einem starken Bekenntnis zu den gemeinsamen Zielen. Das Lock-in wird für ihn größer, weil er seine Investitionen nicht in den Sand setzen möchte. Damit wird es allerdings auch schwieriger, einen Partner initial zum Mitmachen zu überreden.

Wir erinnern uns: Ein Innovationsökosystem unterscheidet sich von Supply Chains oder Entwicklungspartnerschaften dadurch, dass die Module spezifisch für das gemeinsame Wertangebot entwickelt werden müssen. Dies erzeugt die typischen Abhängigkeiten und Koordinationsaufwendungen. Genau hier kommt also die Co-Spe-

[2] Lingens, B./Seeholzer, V./Gassmann, O. (2023): »Journey to the Big Bang: How firms define new value propositions in emerging ecosystems«, in: *Journal of Engineering and Technology Management*, 69, 101762.

zialisierung zum Tragen: Ist diese gering, liegt de facto eine Supply Chain vor. Erst ab einem gewissen Ausmaß können wir von einem Innovationsökosystem sprechen. Doch auch hier gibt es Unterschiede: Im Innovationsökosystem von Helvetia und MoneyPark war die Co-Spezialisierung gering, weil die Vergleichsplattform des Online-Hypothekenvermittlers nur wenige Anpassungen erforderte. Anders war es bei Dacadoo. Die Akteure mussten größere Entwicklungen durchführen, damit rund um den Health Index ein Angebot aus flexiblen Versicherungstarifen und Anreizen für gesundheitsbewusstes Verhalten geschaffen werden konnte.

Manche Wertangebote machen es unvermeidlich, viele Partner mit einer hohen Co-Spezialisierung ins Boot zu holen. Meistens sind diese Wertangebote auch innovativer. Aber wir müssen uns bewusst machen, dass wir dann auch für die betroffenen Partner größere Risiken, stärkere Abhängigkeiten und höhere Koordinationsaufwendungen haben.

Bei einer niedrigen Co-Spezialisierung ist es einfacher, sich von Partnern zu trennen und/oder Anpassungen der Value Proposition mit ihnen durchzuführen. Bei einer hohen ist das deutlich schwieriger. Und damit kommen wir nun zum Kernproblem der Produktentwicklung in Ökosystemen:

Bei der Produktentwicklung in Ökosystemen gibt es auf der einen Seite den Kunden. Ein Produkt muss auf seine Anforderungen hin entwickelt werden. Diese Entwicklung ist aber bei größeren Innovationsschritten (und diese liegen bei Innovationsökosystemen praktisch immer vor) stets iterativ – das Produkt wird mit Prototypen getestet, optimiert und wieder getestet, bis es für die Kunden so wertvoll wie möglich ist. Im Ökosystem haben wir nun aber auf der anderen Seite die Partner. Diese wurden mit spezifischen Versprechen zu Beitrag und Rückfluss geködert, mit uns gemeinsam das Wertversprechen zu entwickeln. Wenn sich dieses nach ein paar Iterationen mit dem Kunden verändert, passt es gegebenenfalls nicht mehr zum Bild, mit dem wir den Partner initial angelockt hatten. Wir müssen also jede Iteration mit dem Partner abstimmen und sicherstellen, dass er immer noch voll dabei bist – und das wird zu einem ausufernden Aufwand führen. Im schlimmsten Fall fühlt sich ein Partner vom angepassten Wertangebot und seinem Beitrag dazu nicht mehr abgeholt und verlässt das Ökosystem – oder wird obsolet.

Taylored-Fits hatte das Scannen des Fußes anfangs dem Kunden selbst überlassen wollen. Dann hätte der ganze Prozess von der Aufnahme der biometrischen Daten bis hin zur Lieferung rein digital übers Internet ablaufen können. Erste Tests zeigten dann aber schnell, dass ein Smartphone und guter Wille nicht ausreichen, um einen verwertbaren Scan zu erzeugen: Ein Kunde kann aus anatomischen Gründen nicht den eigenen Fuß scannen. Die Erkenntnis führte zum einen dazu, dass eine physische Kundenschnittstelle nötig war, und zum anderen zur Auswahl einer Sportartikelkette als weiterem Partner. Auch die Software zur Aufbereitung der 3D-Daten musste entsprechend angepasst werden. Hätte der Orchestrator die Partner von Anfang an ins Boot geholt, wären zusätzliche, kostenintensive Optimierungsschritte nötig gewesen.

10.3.2 Das Drei-Phasen-Konzept

An diesem Kernproblem der Produktentwicklung im Ökosystem setzt das Drei-Phasen-Konzept der Produktentwicklung an, das als Ergebnis unserer Forschung entstanden ist (siehe Bild 10.2).

Das Drei-Phasen-Konzept für die Produktentwicklung verringert die Aufwände für die Koordinierung und senkt das Risiko des Scheiterns, weil Sie so lange wie möglich mit so wenig Partnern wie möglich arbeiten.

Die Kernidee des Konzepts ist es, so lange wie möglich mit so wenigen Partnern wie möglich zu arbeiten. Daher wird in **Phase 1** ein intensives Testing des Wertversprechens durchgeführt. Dies erfolgt typischerweise über Prototypen, Kundenbeobachtungen und -befragungen[3]. Ziel ist es, das Wertversprechen so gut wie möglich zu verifizieren. Nicht nur bezüglich des Kundennutzens, sondern auch der Machbarkeit, des Marktpotenzials und aller anderen erfolgsrelevanten Aspekte. Hier erfolgt auch schon eine detaillierte Beschreibung, welche Module für das Wertversprechen nötig sind und wie diese umgesetzt werden können.

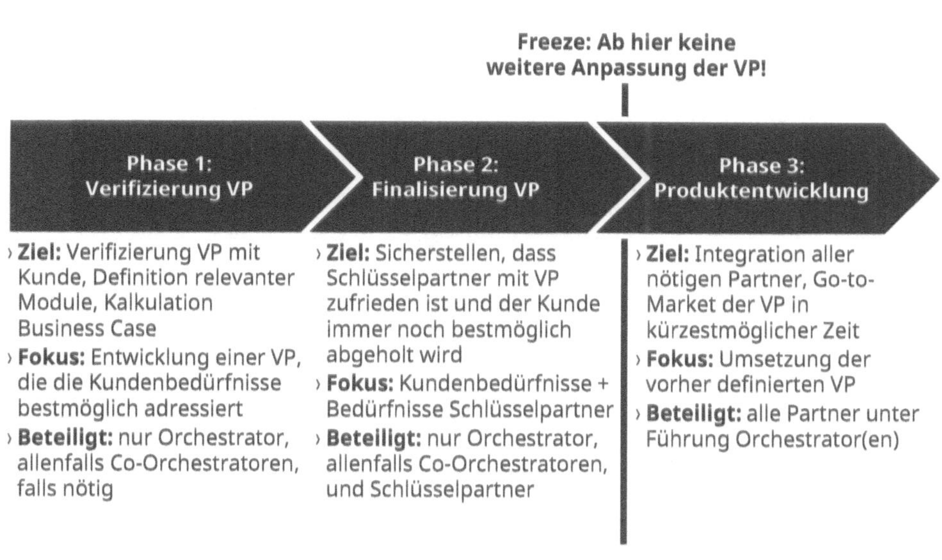

Bild 10.2 Das Drei-Phasen-Konzept zur Produktentwicklung im Innovationsökosystem (VP = Value Proposition)

[3] Solche Ansätze des schnellen Testens ohne nennenswerte Kosten werden umfangreich im Kontext des Design Thinking beschrieben. Die einschlägige Literatur, aber auch YouTube und ähnliche Kanäle liefern hier sehr viele Impulse zur Umsetzung.

In Phase 1 bleibt der Orchestrator allein und vermeidet so Koordinationsaufwand mit Partnern. Der Kunde ist der alleinige Ansprechpartner. Per Definition kann ein geeigneter Orchestrator diesen Schritt auch allein vornehmen. Schließlich verfügt er über das Wissen und das Netzwerk. Wenn Sie an dieser Stelle merken, dass Sie kein ausreichendes technisches Verständnis haben, den Kunden und sein Problem nicht hinreichend verstehen und auch nicht definieren können, welche Module und damit Partner nötig sind, dann ist das ein klarer Hinweis. Sie sind dann offensichtlich als strategischer und/oder operativer Orchestrator ungeeignet und müssen zurück zum Strategie-Blueprint gehen und ein anderes Orchestrationssetting definieren.

Allenfalls kommt in Phase 1 somit noch ein Co-Orchestrator (operativ oder strategisch) dazu, falls dieser für das Prototyping unverzichtbar ist. Die Regel in Phase 1 ist aber: je weniger (am besten: gar keine!) Partner, desto besser.

Wie Sie Bild 10.2 entnehmen können, folgt nach der Phase 1 zunächst nur die Auswahl des Schlüsselpartners **(Phase 2)**. Bei Tailored-Fits war das die belgische Firma Materialise, die im Schulterschluss mit Reto das optimale Verfahren für den 3D-Druck mit thermoplastischem Polyurethan entwickelt hatte. Der Schlüsselpartner ist der Partner mit der höchsten Co-Spezialisierung und/oder dem wichtigsten Modul, also der Partner, auf dessen Wünsche wir von allen Partnern am meisten eingehen müssen. Gibt es keinen solchen Schlüsselpartner, dann können wir Phase 2 direkt überspringen.

Mit dieser abgestuften Startstrategie für das Ökosystem können wir in Phase 2 noch an den Stellschrauben des Wertangebots drehen, während wir seine Machbarkeit und Markttauglichkeit prüfen. Solche Anpassungen sehen wir in Ökosystemen mit hoher Co-Spezialisierung sehr häufig, weil man auf den Schlüsselpartner nicht mehr verzichten kann und daher Zugeständnisse macht. Das weiß auch der Partner und er wird seine starke Verhandlungsposition nutzen – mehr oder weniger. In Phase 2 kommt es also mitunter zu Optimierungen zwischen Kunden- und Partnerwünschen.

Bei dem Fintech TP24 etwa wollte der Versicherungspartner nur ganze Debitorenportfolios versichern, keine einzelnen Forderungen wie ursprünglich geplant. Also passten die beiden Akteure ihre Value Proposition entsprechend an. Das funktionierte relativ gut, weil sonst keine anderen Partner an Bord waren. Meistens erfordert eine solche zusätzliche Iteration nochmals eine Testphase mit Pilotkunden. Die Kontrollschleife gibt uns die Sicherheit, dass die Zielgruppe immer noch vom Produkt begeistert ist.

Weil jeder Kompromiss in dieser frühen Phase den Nutzen für den Kunden schmälern kann, sollten Sie Ihre Value Proposition wie schon erwähnt mit ausreichenden Reserven ausstatten. Damit sichern Sie sich einen Verhandlungsspielraum. Müssen Sie diesen nicht ausschöpfen, ist Ihr Nutzenversprechen umso stärker und die Chance auf hohe Erträge umso höher. Ohne den nötigen Puffer in der Value Proposition könnte das Ökosystem in den Startlöchern hängen bleiben.

Sobald mit dem Schlüsselpartner geklärt ist, wie das Nutzenversprechen an den Kunden aussehen und wie es operativ umgesetzt werden soll, beginnt die **Phase 3** der Produktentwicklung: Sie holen sich die übrigen Partner ins Boot. Wichtig ist, die Value Proposition an diesem Punkt »einzufrieren«. Würden Sie das Wertangebot jetzt noch ändern, entstünde Chaos: Sie müssten dann jede Änderung mit allen Partnern abstimmen und vermutlich noch mal einen Testlauf mit den Pilotkunden machen. Daher: Mit Ende von Phase 2 wird die Value Proposition nicht mehr angefasst. Der Fokus liegt jetzt voll auf der schnellen Umsetzung, damit die Partner committet bleiben.

Das Motto gegenüber den weiteren Akteuren lautet daher: »Friss oder stirb!« Wenn ein Partner nicht genau das Modul liefern will, das wir brauchen, dann nehmen wir eben einen anderen. Per Definition sind diese Modullieferanten keine Schlüsselpartner. Sie sind also ersetzbar und haben im Regelfall eine niedrige Co-Spezialisierung. In jedem Fall stehen ihre Wünsche in keinem Verhältnis zum Chaos, das eine Änderung der Value Proposition in dieser Phase anrichten würde.

Das Drei-Phasen-Konzept verringert die Aufwände für die Koordinierung und senkt das Risiko des Scheiterns, weil Sie so lange wie möglich mit so wenig Partnern wie möglich arbeiten. Wie Sie sehen, gibt es also gute Gründe für das Leitprinzip »So viele Partner wie nötig, so wenige wie möglich«. Nach dem ersten Marktgang der Innovation können Sie das Wertangebot immer noch erweitern und sich dazu weitere Partner ins Boot holen.

10.4 Welche Anreize gebe ich meinen Partnern?

Wenn ein potenzieller Partner keine Anreize sieht, wird er entweder gar nicht erst ins Ökosystem einsteigen oder er ist dabei nur wenig motiviert. Letzteres kann sogar problematischer sein, weil Null-Bock-Partner ein laufendes Projekt ausbremsen oder sogar zum Scheitern bringen können. Es gibt drei wesentliche Anreize, mit denen wir starke Partner für das Innovationsökosystem gewinnen können:

- eine starke Value Proposition
- ein glaubwürdiger strategischer Orchestrator
- das frühe Einbinden der Schlüsselpartner

Über die **Value Proposition**, also das Wertangebot, ist schon alles gesagt. Es bleibt nur zu wiederholen, dass nicht allein die Kunden vom Nutzenversprechen überzeugt werden müssen, sondern auch die potenziellen Partner. Sobald so ein Kandidat seinen »Teil vom Kuchen« einschätzen kann, hat er viel stärkere Anreize mitzumachen, als wenn ich mit ihm nur über eine diffuse Vision rede.

Der **Orchestrator** kann möglichen Partnern ebenfalls einen starken Anreiz bieten, sich für das Ökosystem zu begeistern. Welche potenten Kandidaten würden sich schon gern einem Strategen anschließen und nennenswerte Investitionen tätigen, wenn dieser von Tuten und Blasen keine Ahnung hat? Ist er dagegen in dem Themenfeld ein etablierter Player und genießt womöglich in der Branche und darüber hinaus einen guten Ruf, stärkt er das Vertrauen in das Projekt.

Wenn der Orchestrator nicht in allen relevanten Themenfeldern kompetent ist, kann ein Multistrategenökosystem die Lücke schließen.[4]

Wir haben in der Forschung festgestellt, dass in erfolgreichen Projekten der **Schlüsselpartner** immer zuerst an Bord geholt wurde und dies in gescheiterten Projekten nicht der Fall war. Das gilt, wie im Abschnitt 10.3 beschrieben, vor allem in Initiativen mit einer großen Co-Spezialisierung. Der Schlüsselpartner ist derjenige, der im Ökosystem das strategisch wichtigste Modul liefert, und/oder dasjenige, in dem der größte Entwicklungsaufwand steckt. Oft, aber nicht zwingend, ist das eine Hardwarekomponente.

Der Schlüsselpartner trägt mit das höchste Investitionsrisiko.

Deshalb erwartet er auch ein größeres Stück vom Kuchen. Daraus ergibt sich für ihn ein starker Anreiz, das Innovationsökosystem ans Laufen zu bringen. Entsprechend engagiert wird er den strategischen Orchestrator unterstützen. Manchmal sind die Übergänge zwischen Schlüsselpartner und Orchestrator fließend, wenn Letzterer sehr viel ins Ökosystem einbringt und dadurch die Value Proposition entscheidend mitgestaltet[5].

Ähnlich wie ein kompetenter Orchestrator verbessert ein innovativer, vielleicht sehr renommierter Schlüsselpartner die Glaubwürdigkeit der Initiative und ihre Chancen auf Erfolg.

Allerdings lockt dieser »Honigtopf« parasitäre Partner und Trittbrettfahrer an (Abschnitt 10.5). Hier ist bei der Auswahl also Vorsicht geboten. Im Zweifelsfall sollten Sie einem Wackelkandidaten nur leicht austauschbare Module anvertrauen.

Gefährlich ist es, für den Aufbau des Innovationsökosystems zuerst die »Kleinen« zu rekrutieren und erst zum Schluss den Hauptpartner. Mit seinem Nein könnte er das ganze schöne Kartenhaus zum Einsturz bringen. All die bereits geleistete Überzeugungs- und Verhandlungsarbeit wäre dann vergeudete Zeit.

Fassen wir noch einmal zusammen:

---

4 Siehe Abschnitt 8.4.

5 Lingens, B./Miehé, L./Gassmann, O. (2021): »The Ecosystem Blueprint: How Firms Shape the Design of an Ecosystem According to the Surrounding Conditions«, in: *Long Range Planning*, 54(2), 102043.

In der frühen Entwicklungsphase eines Innovationsökosystems ist es wichtig,

- ein fähiger **strategischer Orchestrator** zu sein oder ansonsten entweder über einen Multistrategenansatz nachzudenken oder eine andere Firma für diese Rolle zu begeistern,
- dann mit dem am Kunden ausgerichteten **Wertangebot** und dem daraus resultierenden attraktiven Business-Case zu starten, um danach
- den **Schlüsselpartner** ins Boot zu holen.

10.5 Woran erkenne ich einen guten Partner?

Kennen wir erst das Anforderungsprofil für die Akteure unseres Innovationsökosystems, können wir uns ans Finden und Rekrutieren der Partner machen. Für die Auswahl der richtigen Kandidaten hat sich in der Praxis eine simple Dreiecksmethodik bewährt. Die Basis dafür habe ich von Herrn Frank Schumacher übernommen, damals Partner Development Manager bei Microsoft Schweiz, mit dem ich länger zusammengearbeitet hatte. Das Zentrum des Trigons bildet die Unternehmenskultur. Seine drei Ecken stehen für das jeweilige Maximum einer sogenannten »Eignungsdimension« (siehe Bild 10.3).

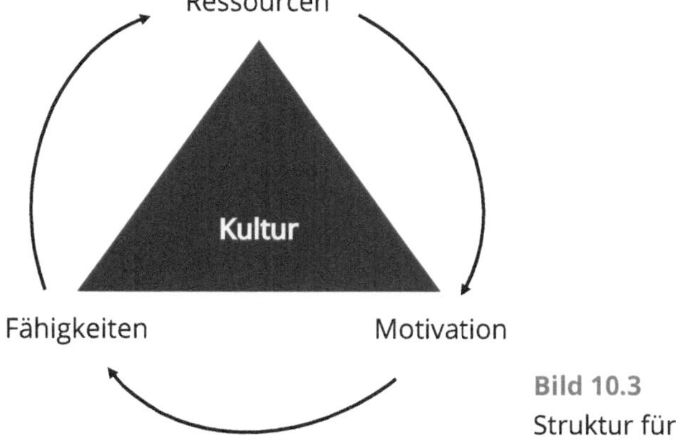

Bild 10.3
Struktur für die Auswahl von Partnern

Links unten steht die **Fähigkeit** potenzieller Partner; wir könnten auch »Kompetenz« sagen. Diese Eignungsdimension beantwortet die Fragen: Wie qualifiziert ist der Kandidat, ein bestimmtes Modul des Wertangebots zu entwickeln und dann auch möglichst lange zu liefern? Oder: Besitzt er alle Fähigkeiten, um die Kundenschnittstelle oder der Orchestrator zu sein?

Die Spitze des Dreiecks bemisst die zur Verfügung stehenden **Ressourcen** eines zur Auswahl stehenden Partners. Hat er das Geld, genügend Mitarbeiter mit dem nötigen

Leistungs- und Kreativpotenzial sowie sonstige freie Kapazitäten für das Projekt? Dies sind heikle Fragen, auf die mancher Kandidat selbstbewusst mit »Ja!« antworten wird.

Um sich über die von einem potenziellen Partner zu erwartenden Ressourcen Klarheit zu verschaffen, muss der strategische Orchestrator gründlich nachhaken.

In späteren Vertragsverhandlungen wird dann gerne mal zurückgerudert. Ausreden gibt es genug: »Es ist so viel Zeit verstrichen, die meisten Kolleginnen und Kollegen arbeiten jetzt in anderen Projekten.« Oder: »Die Geschäftsleitung hat eine neue Finanzstrategie ausgegeben. Wir können jetzt nur noch maximal 5 % des Jahresumsatzes in Innovationen stecken.« Oder auch: »Zu diesem anderen Partner, der Firma XY, haben wir kein Vertrauen. Wenn die mitmachen, sind wir raus.«

Um herauszufinden, welche und wie viele Ressourcen ein potenzieller Partner tatsächlich in das Ökosystem einbringen wird, muss der strategische Orchestrator in jedem Fall gründlich nachhaken. Er kann das – schließlich hat er per Definition das dafür nötige Wissen.

Fähigkeiten und Ressourcen eines Partners sind schön und gut. Aber wenn keine Bereitschaft besteht, sie auch einzusetzen, sind sie wertlos. Daher steht unten rechts im Eignungsdreieck die **Motivation**. Ist der potenzielle Partner motiviert genug, nicht nur ins Projekt einzusteigen, sondern uns auch durch die zu erwartenden Höhen und Tiefen zu begleiten? Es ist der schwierigste Part. Fähigkeiten ergeben sich aus den Erfahrungen des Partners, die man meist recht gut abschätzen kann. Ressourcen sind messbar. Aber Motivation ist etwas schwer Greifbares. Gleichzeitig haben wir in unseren Forschungen gelernt, dass viele Ökosysteme genau hieran scheitern. Wir haben uns daher tiefer mit dieser Materie auseinandergesetzt und konnten im Hinblick auf die Motivation grundsätzlich drei Arten von Partnern unterscheiden[6)]:

Parasitäre Partner

Parasitäre Partner machen den größten Ärger.

Da ist als Erstes der Parasit. So bezeichnen wir einen Partnertypus, der an der Value Proposition nur wenig Interesse hat, aber trotzdem dabei sein will. Er interessiert sich mehr für das innovative Thema als für das Wertangebot. Neues ist reizvoll, es stimuliert die Neugier.

---

6 Die hier beschriebenen Inhalte basieren auf der Forschung, die ich zusammen mit einem meiner Mitarbeiter an der Universität St. Gallen betrieben habe. Sie sind in seiner Dissertation in grundlegender Form publiziert: Huber, F. (2021): »Towards ecosystems: a qualitative analysis on the early stage of inter-firm collaboration«.

Ein parasitärer Partner betrachtet das Innovationsökosystem eher als ein Knowledge-Ökosystem – Wissensaustausch geht immer. Häufig möchte er vor allem Wissen abziehen, will dafür aber wenig geben. Auch die Reputation seiner Partner, ihr Netzwerk und andere Faktoren laden ihn zum Schmarotzen ein. Zudem ist oft FOMO im Spiel, *Fear of missing out*, also die »Angst, etwas zu verpassen«, das dem eigenen Unternehmen nützen könnte. Man macht halt mal mit, nicht, dass am Ende noch die Konkurrenz einsteigt.

Dieser Partnertypus interessiert sich selten dafür, Module zu entwickeln und beizusteuern. Das ist mit hohen Investitionen verbunden und die wollen die »Schnorrer« für ein bisschen mehr Know-how nicht einbringen. Dadurch haben sie auch kein großes Risiko. Aus dem Gefühl heraus, jederzeit aussteigen zu können, entwickeln die Wissensprofiteure keine starke Bindung zum Ökosystem. Sie sind auch nicht bereit, die Extrameile zu gehen, wenn es mal eng wird.

Wollen Sie so eine Firma mit ins Boot holen? Wohl kaum. Lassen Sie also lieber die Finger von parasitären Partnern. Sie machen den größten Ärger. Leider gibt es sie häufig. Insbesondere FOMO führt oft dazu, dass sich Firmen mit wenig Innovationsinteresse an spannende Innovationsvorhaben anhängen, dort aber mangels Topmanagement-Commitment keinen echten Beitrag bringen können. Parasiten kommen aus ganz verschiedenen Bereichen: Oft sind es Start-ups, die sich über spannende Projekte einen innovativen oder renommierten Anstrich geben wollen, dann aber nicht die Ressourcen haben, dort wirklich zu leisten. Oder es ist der typische Innovationsmanager eines wenig innovativen Unternehmens, der zwar nichts zu sagen hat, aber irgendwie seine Existenz in der Firma rechtfertigen muss – und daher auf jedes Projekt springt, bei dem er ohne Aufwand offiziell trotzdem dabei sein kann. Nicht nur dass Parasiten keinen Beitrag bringen – ihre Nicht-Leistung verärgert meist die echten Ökosystempartner und könnte sich negativ auf ihre Motivation auswirken. Vermeiden Sie Parasiten daher konsequent!

Falls Sie sich aus zwingenden Gründen trotzdem auf so jemanden einlassen müssen, so bitte höchstens für Module, die sich leicht ersetzen lassen. Wenn der unsichere Kantonist dann das Ökosystem wie zu befürchten ausbremst, wenden Sie die bekannte Regel an: »Besser ein Ende mit Schrecken als ein Schrecken ohne Ende.« Trennen Sie sich schnell von dem Partner und suchen Sie sich einen besseren.

Parasiten möchten so wenig wie möglich an der Torte mitbacken, dafür aber so viel wie möglich davon essen.

Passagier

Der zweite Typus, bei dem Sie Vorsicht walten lassen sollten, ist der Passagier. Dieser ist an dem Wertangebot interessiert und auch bereit, dafür einen Beitrag zu bringen. Allerdings ist das Wertangebot für ihn deutlich weniger wichtig als für den Orchestrator oder die anderen Partner. Solange alles gut läuft, ist der Passagier ein guter Partner. Verhandlungen mit diesem Typus oder Abhängigkeiten im Generellen sind aber ungünstig: Wer ist schon gerne von einem Partner abhängig, für den das gemeinsame Projekt weniger wichtig ist als man selber?

Diesen Typus finden wir oft unter großen, starken Firmen oder Konzernen. Aufgrund ihrer schieren Größe ist das Projekt für ihren Erfolg nicht essenziell. Sie nehmen es halt mit. Vielleicht vermag man ja ein wenig davon zu profitieren. Und wenn »das Ding« scheitert, wird es mit einem Schulterzucken abgehakt und man schwingt sich auf irgendein anderes Trittbrett.

Da viele große Unternehmen und Konzerne die Power haben, ein Innovationsökosystem voranzubringen, möchte man vielleicht ungern auf ihre Mitwirkung verzichten. Sie haben wertvolle Stärken: Marktzugang, Netzwerk, Reputation, Ressourcen, Vertriebspower etc. Wenn da nur nicht ihre geringe Motivation wäre!

Solche Big Player sehen in vielen Ökosysteminitiativen nicht das nächste große Ding. Sie investieren im Vergleich zum Jahresumsatz wenig und der zu erwartende Nutzen mag für sie recht überschaubar sein. Deshalb betrachten sie das Ökosystem eher als Nebenprojekt, während dieselbe Initiative für einen kleinen Partner von hoher strategischer Bedeutung ist und für ihn so viel Potenzial hat, dass er sie unbedingt vorantreiben möchte. Ein echter Zielkonflikt: Auf der einen Seite will man oft große Firmen dabei haben, um von ihrer Reputation, Reichweite und Ressourcenstärke zu profitieren. Auf der anderen Seite fallen sie aufgrund ihrer schieren Größe schnell in die Kategorie des Passagiers.

Co-Pilot

Co-Piloten sind die stärksten, aber auch anspruchsvollsten Partner.

Kommen wir zum dritten Partnertypus, dem Co-Piloten. Dieser empfiehlt sich durch hohes Interesse an dem Wertangebot. Für ihn sind die Investitionen im Verhältnis zur Gesamtgröße der Firma sehr relevant, ebenso der erwartete Nutzen. Er kann im Innovationsökosystem viel gewinnen, aber auch viel verlieren. Somit ist dieser Partner motiviert und liefert hohe Beiträge. So ein Kandidat ist ideal für Ihre strategisch wichtigen Module. Sich an ihn zu binden, birgt weit weniger Risiken als bei parasitären Partnern oder bei Passagieren, weil beide Seiten das gleiche Risiko und die gleich großen Interessen haben.

Aber auch Teamplayer sind nicht immer pflegeleicht. Gerade weil sie so ein starkes Interesse am Ökosystem haben, fragen sie viel nach. Sie wollen stets umfassend informiert sein. Wer bis an die Schmerzgrenze ins Risiko geht, akzeptiert keine monatelange Sendepause seitens des Orchestrators. Der Aufwand für die Koordination ist bei solchen Partnern entsprechend hoch. Und je mehr es davon gibt, desto aufwendiger ist das Ökosystem zu managen.

So vielversprechend also die Zusammenarbeit mit Co-Piloten ist, bewahrt sie uns doch nicht vor einem weiteren Zielkonflikt: Bevorzugt der Orchestrator mehr Sicherheit und Stabilität durch hoch motivierte Partner, sollte er *alle* Positionen im Ökosystem mit Co-Piloten besetzen. Liegt sein Schwerpunkt indes auf einem möglichst niedrigen Koordinationsaufwand, könnte er nur die Kernmodule an solche Partner vergeben. Die Nebenmodule überlässt er Passagieren, die weniger Koordinationsaufwand bedeuten.

Wichtig: Bei den Schlüsselmodulen gibt es keine Diskussion. Hier möchte ich nur von Partnern abhängig sein, die das Ökosystem genauso wichtig finden wie ich.

Dieser Konsens aus Geben und Nehmen sorgt für eine ausgeglichene Verhandlungsposition. Denn: Im Gegensatz zur klassischen Lieferkette arbeiten wir im Ökosystem ja meist ohne harte Verträge.

Die unterschiedliche Wichtigkeit der Ökosysteminitiative für die verschiedenen Partnertypen führt auch zu unterschiedlichen Ansprechpartnern: Bei Parasiten oder auch Passagieren spricht man meistens mit dem Mittelmanagement. Schließlich ist die Initiative nicht wichtig genug für höhere Kadermitglieder. Bei Co-Piloten haben wir es aber im Regelfall mit dem Topmanagement zu tun. Das macht es einfacher, schnell Entscheidungen und Ressourcen zu bekommen. Aber es erfordert eben auch ein umsichtiges und professionelles Management dieser Schlüsselpersonen des Partners.

Kehren wir zurück zu unserem Auswahldreieck. In seinem Zentrum, inmitten der drei Eignungsdimensionen, steht die **Kultur**.

Sobald man in einem Innovationsökosystem miteinander arbeitet, bildet man nach organisationspsychologischer Sicht eine Community. Diese wird automatisch eine eigene Kultur aufbauen, mit eigenen informellen Regeln, Verhaltensweisen und Perspektiven. Jeder involvierte Mitarbeiter entstammt somit der eigenen Firmenkultur, wird aber auch mit den Partnern eine spezifische Kultur im Ökosystem aufbauen.

Der Aufbau einer solchen Kultur ist abhängig vom Grad der Co-Spezialisierung: Je höher diese ist, desto enger arbeitet man zusammen und desto wichtiger wird das Zwischenmenschliche. Nicht immer muss ein Partner völlig ungeeignet sein, nur weil zunächst der *Cultural Fit* fehlt. Die Akteure können mithilfe des Community Managements im Laufe des Projekts eine gemeinsame Kultur schaffen. Diesen Aspekten sollten Sie umso größere Bedeutung zumessen, je höher der Grad der Co-Spezialisierung ist. Scheuen Sie sich nicht, einen Change-Manager und/oder Organisationspsychologen zu Rate zu ziehen, um den Community-Aufbau professionell voranzutreiben.

Es kommt also immer auf den Einzelfall an. Jede Konstellation ist einzigartig. Bei günstigen Voraussetzungen mag man der Beziehung zum neuen Partner die Zeit geben zu wachsen. Und dann muss man sie auch pflegen. Dazu mehr in Abschnitt 10.6.

Früh konkret werden

Auch ich bin in meinen Projekten oft auf Parasiten hereingefallen: In meiner Praxis als freiberuflicher Unternehmensberater habe ich versucht, viele Initiativen mit Vertriebspartnern aufzubauen – typischerweise andere Beratungen, die angeblich schon Zugang zu relevanten Kunden hatten. In einigen Workshops investiert man viel Zeit, um ein gemeinsames Sales-Vorgehen zu definieren. Angeblich haben die Partner Zugang zu zehn bis 20 potenziellen Kunden, es werden lauter Firmennamen und die Namen von hochrangigen Kontaktpersonen in den Firmen durch den Raum geworfen. Dann beginnt die Akquise und plötzlich sind all diese Kontakte entweder doch nicht so gute Kontakte der Partner, andere sind gerade sehr beschäftigt, wieder andere haben kein Budget. Aus den 20 potenziellen Kunden, die der Partner initial angehen wollte, werden dann drei oder vier.

Meine Lehre daraus: Es empfiehlt sich, schon sehr früh konkret zu werden. Eine Liste mit potenziellen Kunden erstellen und für jeden einzelnen definieren, was man dort verkaufen will, bis wann, an wen. Und herausfinden, wie wichtig das gemeinsame Projekt ist relativ zu anderen Projekten des Partners. Andererseits sind Parasiten auch typische Vertreter in universitären Forschungsprojekten mit der Industrie: Firmen wollen im Projekt dabei sein, um sagen zu können, dass sie in Forschungsprojekt XY mit der Uni Z dabei waren. Das gibt einen innovativen Anstrich. Die Firma leistet dann im Projekt kaum etwas und ist in vielen Meetings nicht dabei. Man findet dann aber auf ihrer Homepage einen ausführlichen Verweis auf das Projekt. Auch hier hilft nur Nachfassen: Schon zu Beginn bohren und herausfinden, was die Firma konkret mit dem Projekt erreichen möchte, was die strategische und finanzielle Relevanz ist, wie relevant für sie das Investment in das Projekt ist, welche Topmanager daran Interesse haben. Im Notfall ist ein Parasit im Projekt dabei, wenn man keinen anderen Partner findet. Aber man sollte das von Anfang an wissen und sich nicht wundern, wenn er sich später dann als Parasit erweist und keine Beiträge mehr bringt.

10.6 Wehret den Anfängen: Kulturkämpfe, Identitätskrisen und Korpsgeist

Lassen Sie uns die kulturellen Aspekte der eigenen Firma und des Ökosystems noch etwas gründlicher ausleuchten. Dazu ist es wichtig, die vielen Kulturbegriffe auf ein gemeinsames Verständnis zu reduzieren. Professor Alexander Thomas, der an der Universität Regensburg in der Sozial- und Organisationspsychologie sowie der interkulturellen Psychologie geforscht hat, definierte den Begriff 1996 so:

»Kultur ist ein universelles Phänomen. Alle Menschen leben in einer spezifischen Kultur und entwickeln sie weiter. Kultur strukturiert ein für die Bevölkerung ***spezifisches Handlungsfeld****, das von geschaffenen und genutzten Objekten bis hin zu Institutionen, Ideen und Werten reicht. Kultur* ***manifestiert sich immer in einem*** *für eine Nation, Gesellschaft, Organisation oder Gruppe typischen* ***Orientierungssystem****.*
Dieses Orientierungssystem wird aus spezifischen Symbolen (z. B. Sprache, Gestik, Mimik, Kleidung, Begrüßungsritualen) gebildet und in der jeweiligen Gesellschaft, Organisation oder Gruppe tradiert, das heißt an die nachfolgende Generation weitergegeben.
Das Orientierungssystem ***definiert für alle Mitglieder ihre Zugehörigkeit*** *zur Gesellschaft oder Gruppe und ermöglicht ihnen ihre ganz eigene Umweltbewältigung. Kultur* ***beeinflusst das Wahrnehmen, Denken, Werten und Handeln*** *aller Mitglieder der jeweiligen Gesellschaft.*
Das kulturspezifische Orientierungssystem ***schafft*** *einerseits* ***Handlungsmöglichkeiten und Handlungsanreize****, andererseits* ***aber auch Handlungsbedingungen und setzt Handlungsgrenzen fest.****«*[7]

Thomas schließt somit ausdrücklich Organisationen in seine Definition des Kulturbegriffs ein. Demnach ist auch eine Unternehmenskultur ein Orientierungssystem für alle Mitarbeiter. Es prägt deren Werte, Identität, Denken und Handeln und wirkt wie ein innerer Filter, der auch die Wahrnehmung beeinflusst. Ferner steckt es einen Rahmen ab für Wollen und Ablehnen, für Tun und Lassen.

Die vorstehende, in der Literatur verbreitete Definition des Kulturbegriffs zeigt, wie stark ein kulturelles Handlungsfeld die in ihm lebenden Menschen beeinflusst. Da Wahrnehmen, Denken und Wertesysteme im Unbewussten wie auch im Bewusstsein verankert sind, müsste jemand, der eine Unternehmenskultur aufbauen und verändern möchte, ein Business-Psychologe sein.

Der Manager eines Ökosystems hat im Normalfall keine derartige Ausbildung. Das ist schon seltsam, wenn wir uns bewusst machen, wie ungern wir fremde Leute an unsere IT heranlassen. Dabei sind Mikrochips leicht austauschbar, im Gegensatz zu den weitaus komplexeren »Denkmaschinen« in den Köpfen unserer Mitarbeiter. Trotzdem legt man deren Gehirne gleichsam in die Hände von Leuten, die sich damit nur wenig auskennen.

Klüger dürfte es wohl sein, den Kulturaufbau darin erfahrenen Experten anzuvertrauen. Mit Suchbegriffen wie »Beratung Unternehmenskultur« werden Sie im Internet schnell eine Liste möglicher Fachleute finden, unter denen Sie sich das seriöseste

[7] Johannes Gutenberg-Universität Mainz, Studium Generale/Thomas (1998), S. 232; Fettdruck vom Autor

Angebot aussuchen können. An dieser Stelle möchte ich Ihnen kurz einen groben Rahmen vorstellen, um in das Thema Kulturaufbau einzuführen[8].

Drei Kulturaspekte des Ökosystems:

- Identität
- Kulturwandel
- Community

Wir sehen uns drei Kulturaspekte an, die Sie beim Aufbau eines Ökosystems und besonders bei der Auswahl der Partner unbedingt berücksichtigen sollten. Da ist zunächst die **Identität**. Jeder Mensch identifiziert sich beruflich über seine Rolle. Selbst für Marken und Unternehmen prägen Werbung, Marketing, Public Relations und die Produktpalette eine Art »Persönlichkeit« und somit eine unverwechselbare Identität.

In einem Ökosystem kann sich die Identität von Mitarbeitern, Abteilungen, Geschäftsbereichen und ganzen Unternehmen mit den neuen Aufgaben verändern, etwa wenn man die Kundenschnittstelle übernimmt. Beim Topmanagement gibt es so gut wie immer einen Wechsel der Identität, weil der »Boss« oder die Chefin sehr oft das Gesicht der Innovationsinitiative ist.

Wenn die Mitarbeiter in der Führungsebene den Wechsel hin zur neuen Identität wahrnehmen, kann dies leicht Widerstände hervorrufen – es gibt kaum einen größeren Umbruch, der sofort auf breite Akzeptanz trifft. Je weiter wir uns vom Kerngeschäft entfernen, desto stärker wird sich die Identität verändern.

Um hier frühzeitig Widerstände zu vermeiden, einzudämmen oder abzubauen, braucht es Change-Spezialisten. Da das Abräumen von Change-Barrieren meist eine vorübergehende Aufgabe ist, können Sie dafür einen externen Berater anheuern. Den finden Sie ebenfalls im Internet unter Suchbegriffen wie »Change-Management Beratung«.

Der zweite, unbedingt zu berücksichtigende Kulturaspekt ist der **Kulturwandel**. Je weiter sich der Initiator eines Ökosystems von seinem Kerngeschäft entfernt, desto stärker wird sich so ein Wandel der Firmenkultur einstellen. Auch dieser Prozess muss von Experten begleitet werden, damit er sich nicht zu einem Kulturkampf auswächst. Sich hierfür externe Unterstützung zu holen, ist ein sinnvolles Investment, das sich bezahlt machen wird. Das gilt für alle drei Kulturaspekte des Ökosystems.

Zuletzt sei noch die **Community** erwähnt. *Gablers Wirtschaftslexikon* definiert diesen Begriff als …

[8] Diese Überlegungen basieren vielfach auf Diskussionen und Erkenntnissen aus gemeinsamen Projekten mit Frau Dr. Franca Burkhardt, Change Managerin und Inhaberin der Change Beratung Bandy Analytics, von der ich viel zum Thema Organisational Change lernen durfte.

»[...] ein organisiertes und soziales Netzwerk von miteinander in Interaktion stehenden Individuen, die sich innerhalb eines spezifischen Zeitraums auf affektive sowie auf kognitive Weise wechselseitig beeinflussen und ein ***Zusammengehörigkeitsgefühl*** *entwickeln. Die soziale Interaktion zwischen den Mitgliedern einer Community unterliegt dabei i. d. R. einem* ***gemeinsamen Ziel, geteilter Identität oder gemeinsamen Interessen.****«*[9]

Die Community ist somit, vereinfacht ausgedrückt, eine Interessengemeinschaft, die sich zum Wohle einer Marke oder eines Unternehmens miteinander austauscht. Im Zeitalter von Social Media kann eine starke Community sowohl ein Unternehmen wie auch ein Produkt beflügeln – oder zum Absturz bringen. Deshalb ist es einerseits wichtig, eine solche Gemeinschaft von Stakeholdern aufzubauen, ebenso wichtig ist es aber, dies richtig zu tun.

Je stärker sich in einem Ökosystem ein Gemeinschaftsgefühl und ein Korpsgeist entwickelt, desto höher wird der Innovationsgrad sein.

Eine Einführung zu den Themen »Community-Aufbau« und »Community-Management« finden Sie in guter Literatur, in (Online-)Kursen und anderswo im Internet. Deshalb dazu hier nur so viel: Je stärker sich in einem Ökosystem ein Gemeinschaftsgefühl und ein Community-Denken entwickelt, desto höher wird der Innovationsgrad sein. Diesen Korpsgeisteffekt konnten wir in unserer Forschung belegen.

Im Idealfall bilden auch die Mitarbeiter des Innovationsökosystems eine Community. In der Value Proposition fokussieren sich, gemäß obiger Definition, ihr »gemeinsames Ziel« und die »gemeinsamen Interessen«. Daraus entsteht der **Korpsgeist**, ein Zusammenhörigkeitsgefühl, das durch regelmäßigen Gedankenaustausch emotionale Bindungen schafft. Mit diesem Wir-Gefühl können die Teams Probleme einfacher lösen und bessere, kreativere und innovativere Ergebnisse erzielen.

Der Aufbau einer solchen Community ist besonders wichtig, wenn es eine hohe Co-Spezialisierung gibt. Dann muss ja ein wesentlich intensiverer Austausch stattfinden. Das funktioniert einfach besser, wenn die Chemie stimmt.

10.7 Organisationsstrukturen für Interaktion zwischen Orchestrator und Partnern

Ökosysteme in der Natur und in der Wirtschaft verbindet das Merkmal eines geordneten Zusammenwirkens unterschiedlicher, miteinander vernetzter Teile, die ein abgegrenztes Ganzes bilden. Natürliche Ökosysteme sind oft so komplex, dass sie auf

[9] Gabler Wirtschaftslexikon; Fettdruck vom Autor

den ersten Blick chaotisch wirken – auch wenn sie es niemals sind. In einem Business-Ökosystem ist schon der Eindruck von Chaos kontraproduktiv. Es benötigt immer Organisationsstrukturen, damit die unterschiedlichen, miteinander vernetzten Partner gut harmonieren.

Wir haben uns bereits darüber Gedanken gemacht, wo das Ökosystem in der Organisation seines Initiators angesiedelt sein sollte.[10] Darüber hinaus muss geregelt werden, wer innerhalb des Ökosystems mit wem redet, und zwar sowohl in der Phase der Entwicklung wie auch später im operativen Alltag. In unseren Forschungen konnten wir drei Optionen definieren, wie man hierfür die organisatorischen Strukturen bilden kann (siehe Bild 10.4)[11].

Option 1: Netzstruktur

Wir bauen eine **Netzstruktur** auf. Dazu holen wir alle beteiligten Personen zusammen, sperren sie in einen Raum und lassen sie miteinander reden. Emotionale Bindung, die Voraussetzung für Korpsgeist, wächst nur, wenn man gemeinsam Zeit verbringt und kommuniziert.

Entsteht dann durch diese Maßnahme(n) eine gute Chemie, hat der Orchestrator nachher weniger Arbeit. Warum? Nun, wenn man sich mal abstimmen muss, kennt man sich ja. Man telefoniert, macht einen Videocall oder klärt die offenen Fragen auf dem »kleinen Dienstweg«. Auch wenn ein Problem ausgefochten werden muss, ist das in so einer eingeschworenen Gemeinschaft viel leichter. Es bleibt dabei nicht bei einem einzelnen Treffen. Der Aufbau einer Community erfordert regelmäßige Treffen und gemeinsame Erlebnisse.

Eine solche Netzstruktur ist daher auf den ersten Blick die ideale Lösung. Sie unterstützt den Community-Aufbau zwischen allen Partnern und der Orchestrator muss weniger koordinieren. Aus Sicht des Innovationsökosystems und der Produktentwicklung ist diese »Brain-to-Brain-Struktur« daher zu bevorzugen.

So charmant dieses Konzept klingt, kann die Jeder-mit-jedem-Struktur für den Orchestrator den Nachteil bergen, die eigene Position zu schwächen (siehe auch Abschnitt 10.8).

---

[10] Siehe Abschnitt 9.3.

[11] Lingens, B./Huber, F. (2023): »Heading the orchestra of innovation: how firms align partners in ecosystems«, in: *Innovation*, 25(3), 257 – 281.

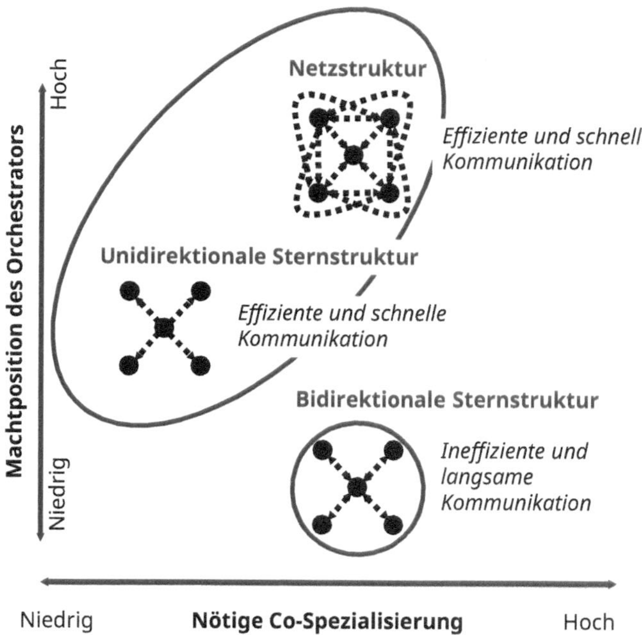

Bild 10.4 Organisationsstrukturen zwischen Ökosystempartnern

Option 2: Sternstruktur

Der Orchestrator etabliert sich als Kommunikationsdrehscheibe zwischen den einzelnen Partnern. In einer solchen **Sternstruktur** ist der Orchestrator das Nadelöhr für den Austausch von Informationen zwischen den Akteuren. Diese sprechen also nicht direkt miteinander – die Kommunikation läuft stets über den Orchestrator.

Diese Organisationsstruktur ist für den Orchestrator mit enormem Aufwand für die Koordination verbunden. Jedes Mal, wenn Mitarbeiter zweier Partner miteinander reden wollen, muss er sich einschalten. Gibt es viele Modullieferanten, erfordert die Sternstruktur ein entsprechend großes Team für die Orchestration. Wie schon erwähnt, brauchen Sie schon bei der Brain-to-Brain-Struktur in der Aufbauphase des Ökosystems mindestens zwei bis drei Vollzeitstellen, um drei bis fünf Partner zu koordinieren. Bei der Sternstruktur benötigen Sie noch mehr Personal.

Auf der anderen Seite stärkt die Sternstruktur die Position des Orchestrators. Er macht sich unentbehrlich und kann nur schwer rausgeworfen werden. Als Knotenpunkt jeglichen Wissenstransfers baut er ja in allen Themenfeldern eigenes Know-how auf. Er ist so etwas wie der **Universalgelehrte des Ökosystems**. So war es in dem Ökosystem von TP24. Einen solchen Koordinator kann man nicht so leicht ersetzen.

Manche strategische Orchestratoren wollen das spätere operative Geschäft aber gar nicht mehr koordinieren. Oder sie möchten mehr im Hintergrund bleiben. Meistens ist dann ein Wechsel von der Stern- zur Netzstruktur gut möglich. Umgekehrt wird das kaum gelingen. Wenn sich die Partner erst einmal gut kennen, würden sie auch dann weiter miteinander reden, wenn sich ein Orchestrator als Drehscheibe zu etablieren versuchte.

Wie wir in der Forschung gesehen haben, ist die Sternstruktur wegen der mit ihr verbundenen erheblichen Aufwände in der Praxis selten anzutreffen. Sie kommt vor allem dann zum Tragen, wenn der Orchestrator weder ein eigenes Modul entwickelt noch unentbehrliche Kundenschnittstelle ist. Oder wenn er aus anderen Gründen eine relativ schwache Position hat. Hier ermöglicht die Sternstruktur, sich künstlich als unverzichtbares Nadelöhr des Ökosystems zu positionieren – allerdings auf Kosten des erhöhten Koordinationsbedarfs. Besitzt er dagegen eine starke Stellung, muss er diese nicht zusätzlich absichern, indem er sich zum Nadelöhr macht. Dann ist die Netzstruktur in aller Regel der Königsweg. Ein Faktor ist aber auch hier die Co-Spezialisierung: Je höher diese ist, desto schwieriger wird die Sternstruktur.

Option 3: Unidirektionale Sternstruktur

Eine Variante zur Option 2 ist die **unidirektionale Sternstruktur**. Zuvor haben wir davon gesprochen, dass die Kommunikation zwischen dem Orchestrator und den einzelnen Partnern immer in *beide* Richtungen verläuft. In der Netzwerktechnik würde man sagen, der Nachrichtenaustausch erfolgt »bidirektional« oder »vollduplex«. In manchen Ökosystemen wechselt der Orchestrator nach dem Marktgang in den »Einwegmodus«: Er verteilt fast nur noch Informationen an die Partner, kommuniziert also hauptsächlich unidirektional.

In der Praxis wird man sich bemühen, die Prozesse zu automatisieren, sobald alles gut eingespielt ist. Das kann mit dem Marktgang geschehen oder einige Zeit danach. Bei hoher Automation wechseln die beiden zuvor beschriebenen Strukturen dann sehr oft in die unidirektionale Sternstruktur, weil alle Beteiligten damit den geringsten Aufwand haben. Bei Plattformökosystemen ist diese Struktur der Standard. Hier gibt es ja keine gemeinsame Produktentwicklung und die Plattform in der Mitte ist die zentrale, automatisierte Drehscheibe für alle Aktivitäten.

Die Entscheidung für eine der hier vorgestellten drei Strukturen hängt nicht grundsätzlich davon ab, ob der Orchestrator beim Initiator des Ökosystems sitzt, in einem Spin-off oder in einem Joint Venture. Bei Letzterem, also dem Zusammenschluss mehrerer Partner zu einem Gemeinschaftsunternehmen, wird sich eine bidirektionale Sternstruktur (Option 2) allerdings schwer durchsetzen lassen. Die Partner, die sich in einem Joint Venture engagieren, wollen auf Augenhöhe kommunizieren und sich nicht vom Orchestrator an der kurzen Leine führen lassen.

Zusammenfassend lässt sich sagen, dass die erste Option für ein Innovationsökosystem meist die effizienteste Organisationsstruktur ist. Sie erfordert einen Orchestrator in einer starken Position. Dann kann er auch zulassen, dass jeder mit jedem spricht. Dieses Zusammenspiel macht die Entwicklung der Module nicht nur geschmeidiger. Es stärkt überdies emotionale Bindungen, damit den Korpsgeist und die Krisenfestigkeit des ganzen Ökosystems.

10.8 Nur nicht aus der Rolle fallen

Inzwischen kennen Sie recht gut die drei Hauptrollen eines Business-Ökosystems:[12)]

- Orchestrator
- Modullieferant
- Kundenschnittstelle

Die Rolle des **Orchestrators** ist vielseitig und kann sich auf verschiedene Firmen verteilen. Eine ihrer Ausprägungen ist die des Strategen; in einem Multistrategenökosystem teilt man sich diese Aufgabe auch mit anderen strategischen Orchestratoren. Andererseits gibt es bei der Orchestrierung auch die operative Rolle, die sich mit Produktentwicklung und Koordination der Partner befasst.

Die Rolle des **Modullieferanten** ist ebenfalls von vitaler Bedeutung. Immerhin stehen dahinter wertvolle Spezialisten für Teilaspekte der Value Proposition. Manche sind so einzigartig, dass sie unersetzbar sind. Sie entwickeln die Module, die das dem Kunden gegebene Nutzenversprechen einlösen.

Die Rolle der **Kundenschnittstelle** ist der Botschafter, der das Versprechen übermittelt, erklärt, anpreist und die Aufträge hereinholt. Wer die Kundenschnittstelle übernimmt und wie sie auszugestalten ist, hängt im Einzelfall von dem gewünschten Branding, der Beratungstiefe, dem Automatisierungsgrad und von weiteren Faktoren ab.

So weit, so bekannt. Im Prozess der praktischen Umsetzung eines Business-Ökosystems kann es nötig werden, diese Rollen zu verändern oder zu verschieben. Manchmal ergibt sich diese Möglichkeit auch erst, wenn das Ökosystem seinen Marktgang erfolgreich gemeistert hat. Möglicherweise sind die Akteure, welche die grundlegende Innovation geschaffen haben, dann nicht mehr nötig. Das Partnernetz könnte sich in eine klassische Lieferkette oder in ein Plattformökosystem verwandeln.

[12] Siehe Kapitel 3.

Die einzelnen Akteure, allen voran der Orchestrator, sind sich bewusst, dass ihre Rollen im Lebenszyklus des Partnernetzes nicht konstant sind. Dass sie womöglich ganz »aus der Rolle fallen«. Kurz: dass sie gefeuert werden.

Natürliche Veränderungen einer Rolle sind beim Orchestrator unvermeidlich und bei anderen Hauptakteuren mehr oder weniger wahrscheinlich. Deshalb sollten die einzelnen Parteien möglichst schon in der Startphase vertraglich eine Exitstrategie vereinbaren, um Härten abzufedern und für das »Leben nach dem Ökosystem« vorzusorgen.

Dies kann durch (eventuell zeitlich begrenzte) Gewinnbeteiligungen, Aktienanteile oder durch andere Trostpflaster geschehen. Besonders beim Orchestrator ist dies eine wichtige Überlegung. Sie hängt von seiner Ausgangslage ab.

Im Falle von Dacadoo ist das Schicksal der Entbehrlichkeit keines, um das sich das Zürcher IT-Unternehmen sorgen müsste. Es hat nicht nur die Rolle des strategischen, sondern auch die des operativen Orchestrators an sich gebunden. Da Dacadoo den Health Index und das darauf aufbauende Schlüsselmodul zur Value Proposition eingebracht hat, ist die Firma für den Erfolg des Geschäftsmodells unentbehrlich – sie tragen als Modullieferant ein Schlüsselmodul bei. Egal wie sich das Ökosystem entwickelt, Dacadoo dürfte unersetzlich bleiben.

Das ist aber nicht immer der Fall. TP24 oder Tailored-Fits sind Orchestratoren, die nur orchestrieren. Sie sind weder Kundenschnittstelle noch liefern sie ein Modul zum Wertangebot. Solange das Innovationsökosystem als ein solches betrieben wird, dürften sie nur schwer zu ersetzen sein – wer feuert mitten in einer komplexen Produktentwicklung schon gern den Chefkoordinator? Aber sobald die Value Proposition am Markt ist, werden wir einen Übergang zu einer klassischen Lieferkette oder gar zu einem Plattformökosystem erleben. Und damit ist dann der Orchestrator des Innovationsökosystems obsolet.

Würden Sie mit Herzblut zwei Jahre lang ein Innovationsökosystem als Orchestrator aufbauen, um dann im Erfolgsfall einfach rausgeworfen zu werden? Eher nicht. Vermutlich würden Sie schon in der Gründungsphase über eine wirksame Strategie nachdenken, die Ihnen dieses Schicksal erspart.

Drei Optionen, die den Rauswurf eines Orchestrators erschweren oder sogar unmöglich machen:

1. Der Orchestrator sichert sich das geistige Eigentum und/oder die Patente an der Gesamtleistung.
2. Der Orchestrator macht sich durch Wissen und Netzwerk unentbehrlich, vermutlich unterstützt durch die Sternstruktur (Abschnitt 10.7).
3. Der Orchestrator orchestriert einen kontinuierlichen Innovationsprozess.

In den seltensten Fällen wird sich ein Orchestrator durch all diese Rahmenbedingungen absichern können, manchmal sogar durch keine einzige.

Mit **Option 1** mag er bei Start-ups auf Granit beißen, weil diese ihren Investoren etwas Wertvolles bieten müssen, und dazu gehört auch das geistige Eigentum.

Mit der **Option 2** könnte die Absicherung schon besser gelingen. Wenn der Orchestrator der Einzige ist, der das Thema in seiner gesamten Breite beherrscht, wird er so schnell nicht gefeuert. Auch die guten Beziehungen, die er zu allen Partnern und womöglich zu deren Konkurrenten unterhält, können für die übrigen Akteure ein starkes Motiv sein, ihn im Ökosystem zu behalten. Wer möchte schon, dass die Konkurrenz so jemanden anheuert? Wie wirksam diese »Überlebensstrategie« ist, zeigt einmal mehr Tailored-Fits. Hier hat der Orchestrator eine Organisationsstruktur geschaffen, in der er der Dreh- und Angelpunkt ist. Mit dem detaillierten Wissen in allen Bereichen hat er sich unverzichtbar gemacht.

Auf **Option 3** hat der Orchestrator nur bedingt Einfluss. Sie greift nur, wenn das Ökosystem ständig innovieren muss. Dann braucht man auch ständig den Strategen, der neue Partner reinholt und die Entwicklung koordiniert. Das mag in einem Markt mit starkem Wettbewerb nötig sein, in dem noch mehr innovative Player am Start sind. Wir erleben diese Konkurrenz seit einiger Zeit zwischen Alphabet (ehemals Google) und Meta (ehemals Facebook), die beide viel Geld mit Werbung verdienen. Diese Unternehmen sind Getriebene ihrer eigenen Innovationskraft; sie müssen immer wieder etwas Neues bringen, durch das sie sich vom Konkurrenten auf dem Werbemarkt absetzen können.

Manchmal will sich ein Orchestrator aber gar nicht ans Ökosystem binden, »bis dass der Tod sie scheidet«. Vielleicht besteht sein Ruf gerade darin, ein Innovator zu sein und Dinge voranzutreiben. Auf Jahre im Hamsterrad des operativen Geschäfts gefangen zu sein, wäre seinem Renommee eher abträglich. Dann kann er seinen Exit von Anfang an planen, indem er eine entsprechende Honorierung für seine Dienste aushandelt. Eine von vornherein vereinbarte »Ablöse« würde ihm den Abschied dann versüßen.

Sollte sich das Innovationsökosystem zu einem Plattformökosystem weiterentwickeln, benötigt man trotzdem weiter einen Orchestrator. Die operative Orchestration läuft dann nur weitgehend automatisiert über die Plattform. Für den Orchestrator rücken nun Fragestellungen zum Umgang mit den Partnern in den Mittelpunkt. Im Innovationsökosystem waren diese einzigartig und nahezu unersetzlich. Der Orchestrator musste sie hegen und pflegen und mit diplomatischem Geschick umsorgen. Schließlich haben sie mit ihm auf Augenhöhe an der gemeinsamen Value Proposition gearbeitet.

Sobald das Innovations- zum Plattformökosystem mutiert, ändert sich das schlagartig: Neue Partner kommen dazu, die aufgrund der Natur der Transaktionsplattform mit den anfänglichen Modullieferanten konkurrieren. Die Neuen profitieren dabei von der Vorarbeit der Gründungsmitglieder – was nicht gerade die Beliebtheitswerte des Orchestrators steigern dürfte. Wie kann er damit umgehen?

Für eine solche Entwicklung gibt es keine allgemeingültige Strategie, die zu jeder Situation passt. Letztlich ist jeder Interessenausgleich Verhandlungssache. So hat TP24 mit den initialen Partnern seines Innovationsökosystems ausgehandelt, dass sie sich bei einem Wechsel zu einem Plattformökosystem an der Firma beteiligen können. Damit würden sie vom Wachstum aufgrund des Netzwerkeffekts unmittelbar profitieren.

Entscheidend für den Orchestrator ist in jedem Fall, einen solchen Wechsel auf dem Schirm zu haben und ihn frühzeitig in die Verhandlungen mit den Partnern einzubeziehen. Würden wir sie erst nach mehrjähriger intensiver Zusammenarbeit damit überraschen, dass sie ab morgen austauschbare Partner im neuen Plattformökosystem sind, dürfte das Klima für konstruktive Verhandlungen unwiederbringlich vergiftet sein. Somit gilt als Klammer für dieses Kapitel: Für diese Aspekte gibt es keine Standardlösung. Entscheidend ist, dass alle Partner und vor allem der Orchestrator diese Aspekte auf dem Schirm haben und rechtzeitig auf dem Schirm haben.

11 Plattformökosysteme: die Selbstvervielfacher

Zwischen einem Innovations- und einem Plattformökosystem gibt es einige Gemeinsamkeiten, wenn es darum geht, die Initiative ans Laufen zu bringen. Viele operative Kniffe, die Sie jetzt schon kennen, gelten daher genauso für Transaktionsplattformen.

Einige Klassiker dieser Kategorie sind Amazon, WhatsApp, TikTok oder eBay. Zu den Großen aus Deutschland gehören der Lieferdienst Delivery Hero und die Immobilienplattform ImmoScout24. In der Schweiz wären Immobilienplattformen wie Homegate oder Comparis zu nennen.

Eine andere bei den Eidgenossen beliebte Transaktionsplattform ist der Umzugs-Entstresser™ Movu.[1] Dieses Portal bietet – nicht schwer zu erraten – vielfältige Leistungen rund um das Thema Umzug. Im Gegensatz zu anderen Initiativen ging Movu sofort als Plattformökosystem an den Start.

Der Fokus aller Transaktionsplattformen liegt auf dem Netzwerkeffekt, ihr Ziel in der Marktdominanz.

Dieses Konzept entwickelt sich seit Anfang der 2000er-Jahre mit zunehmendem Tempo. Schon damals erschienen zu dem Thema Standardwerke, deren grundsätzliche Aussagen bis heute gültig sind. Der Fokus solcher Ökosysteme liegt auf dem Netzwerkeffekt, ihr Ziel in der Marktdominanz.[2]

Im Folgenden werden wir hauptsächlich die drei Kernfragen jedes Plattformökosystems beleuchten – auf diese müssen Sie immer Antworten finden, wenn Sie dieses Konzept verwenden wollen:

- Wie entwickelt man das Geschäftsmodell einer Transaktionsplattform?

---

[1] Der Begriff »Umzugs-Entstresser« ist eine geschützte Handelsmarke der Movu AG, Zürich.

[2] Siehe Abschnitt 1.2.1.

- Wie kriege ich den Netzwerkeffekt in Gang?
- Wie schaffe ich ein Partner-Lock-in?

Beginnen wir gleich mit dem ersten Thema:

11.1 Worauf muss ich beim Entwurf des Geschäftsmodells achten?

Die Entwicklung des Geschäftsmodells eines Plattformökosystems ist auf das grundlegende Konzept von Transaktionsplattformen ausgerichtet: einen möglichst großen Marktplatz für eine Vielzahl von Produkten und/oder Dienstleistungen und/oder sonstigen Interaktionen zu bieten. Jeder Marktplatz ist dual organisiert: Es gibt Anbieter und Abnehmer. Auf manchen Plattformen sind diese Rollen streng voneinander getrennt, auf anderen wie WhatsApp oder Facebook gleichen sie eher einer Doppelrolle: Die meisten Abnehmer von Informationen sind auch Anbieter.

11.1.1 Marktseite klären

Wer eine Transaktionsplattform aufbauen möchte, muss daher zunächst die **Marktseiten** klären. »Wen vernetze ich?«, lautet die dazu passende Frage. Bei Airbnb sind es die Vermieter der Unterkünfte (Anbieter) und die Mieter (Abnehmer). Amazon bringt die Käufer und die Lieferer von Produkten zusammen. Und WhatsApp die Versender und die Empfänger von Kurznachrichten.

Erfolgreiche Plattformökosysteme wachsen nicht nur in Bezug auf die Zahl ihrer Nutzer, sondern auch hinsichtlich der Breite ihres Angebots. Die schweizerische Movu AG etwa bediente anfangs nur die Marktseiten »Umzugsunternehmen« und »Umziehende«. Später kamen dann Möbelhäuser hinzu, weil ja eine altbekannte Regel lautet: »Dreimal umgezogen ist einmal abgebrannt.« Jetzt standen hüben also die Möbelverkäufer und drüben die Käufer. Da bei jedem Umzug gern mal was zu Bruch geht, fügte Movu ein Versicherungsangebot hinzu – die Marktseiten »Versicherer« und »zu Versichernde«. Amüsantes Detail: Dieses Ökosystem war für die Baloise-Versicherung aus Basel so überzeugend, dass sie sich Movu im Zuge ihrer Digitalisierungsoffensive einverleibte.

Allgemein verstärkt sich der Netzwerkeffekt mit jedem Ausbau der Marktseiten. Man hat dann ja schon eine Kundenbasis, die das neue Angebot wohlwollend prüft.

Auch wenn die Strategie vorsieht, im Lauf der Zeit immer mehr Marktseiten hinzuzufügen, gilt zunächst: Wer ein neues Plattformökosystem aufbaut, muss sich konsequent auf *ein* Marktseitenduo fokussieren, andernfalls verzettelt er sich. Dafür sollte man das aus Kundensicht attraktivste Angebot wählen.

Selbst Jeff Bezos hatte mit Amazon klein angefangen: als elektronischer Buchladen. Später kamen Musikalben und immer mehr Produktsparten hinzu, dann die Amazon Web Services (AWS), Cloud Computing für Privatkunden und vieles mehr. Die ursprünglichen Marktseiten »Buchhändler« und »Buchkäufer« sind im heutigen Amazon-Universum nur noch eine vergleichsweise kleine Teilmenge des gesamten von dem Konzern dominierten Marktes – ein Schulbeispiel für den Ausbau der Marktseiten in einem erfolgreichen Plattformökosystem.

Zu viele Marktseiten

In nahezu allen meiner Beratungsprojekte im Kontext Plattformökosysteme machen Firmen den Fehler, anfangs zu viele Marktseiten angehen zu wollen. Wie schon beschrieben, braucht man aber konsequenten Fokus, um den Netzwerkeffekt in Gang zu bringen. Je mehr Markseiten, desto mehr verzettelt man sich. Ein Fokus auf zu viele Marktseiten ist aber vor allem ein Hinweis, dass man den Kunden nicht gut genug verstanden hat und den Prozess der Definition des Wertversprechens zu oberflächlich betrieben hat. Ein Zitat eines meiner Kunden verdeutlicht das sehr schön: »Wir haben ziemlich viele potenzielle Player identifiziert und die haben ziemlich viele Bedürfnisse. Aber keines, das so richtig stark ist. Wir möchten daher einfach alle Bedürfnisse ganzheitlich abdecken.« Meine Antwort daher: »Dann müsst Ihr zurück zum Kunden und entlang seiner Bedürfnisse tiefer gehen. Was ist das Kundenbedürfnis, das so stark ist, dass es Eure Plattform rechtfertigt?«

11.1.2 Value Proposition definieren

Ein weiterer Aspekt, den wir beim Entwurf des Geschäftsmodells für ein Plattformökosystem unbedingt beachten müssen, ist die **Value Proposition** für den Kunden. In plakativen Worten lautet das Nutzenversprechen auf einer Transaktionsplattform: »Bei uns findest du in kürzester Zeit den besten Vergleich aus dem größten Angebot.« Der Mehrwert für die Anbieter besteht vor allem im Umsatzschub, den der große Marktplatz mit sich bringt.

Da wir es mit einem zweiseitigen Markt zu tun haben, dürfen wir nicht nur an die Abnehmer denken, sondern müssen gleichermaßen den Mehrwert für die Angebotsseite entwickeln. Erfahrungsgemäß wird das gerne vergessen. So manches Start-up meint vielleicht: Welcher Anbieter wehrt sich denn, wenn ich seine Produkte verkaufe? In der Realität gibt es dafür mehr als genug Gründe.

Zum Beispiel boomten vor einiger Zeit Plattformen, die Handwerker an potenzielle Kunden vermitteln. Ein wesentlicher Grund, weshalb viele dieser Start-ups mehr als zäh vorankommen, liegt auf der Anbieterseite. Zwar hat der Bauboom infolge von Inflation und steigenden Zinsen seinen Höhepunkt überschritten, doch viele Handwerksbetriebe sind aufgrund des fortschreitenden Fachkräftemangels nach wie vor komplett ausgelastet. Darum haben sie gar kein Interesse an weiteren Kunden.

Nur die unterbeschäftigten Handwerker gehen freiwillig auf eine Online-Vermittlungsplattform. Doch es gibt oft Gründe, wieso diese Betriebe noch freie Kapazitäten haben, etwa wegen mangelnder Qualität und schlechter Bewertungen im Netz. Genau diese »Schwarzen Schafe« ihrer Zunft wollen die Betreiber der Handwerkerportale nicht vermitteln.

Fazit: Obwohl das Wertangebot für die Anbieter und Abnehmer sonnenklar zu sein scheint, lehnen sie es manchmal trotzdem ab.

Eine Value Proposition verdient diesen Namen nur, wenn sie verifiziert ist.

Manchmal hat auch die Geschäftsidee einen Haken oder die Benutzererfahrung auf der Internetplattform ist unbefriedigend. Wegen der vielen Fußangeln, die das Geschäftsmodell einer Transaktionsplattform haben kann, empfiehlt sich zunächst ein *Rapid Prototyping*, der »schnelle Modellbau«. Bei der Entwicklung von Industrieprodukten setzt man diesen zur Herstellung von Musterbauteilen schon lange ein.

Analog dazu können wir die Benutzeroberfläche und Bedienlogik der Software und/oder Webseiten unserer Plattform testen, bevor eine einzige Zeile Code geschrieben ist. So sehen wir frühzeitig, wo es noch hakt. Es ist dann besser, eine weitere Optimierungsschleife zu drehen, als große Summen in die Entwicklung zu stecken und das Geld nachher aufgrund fehlender Akzeptanz zu versenken. Eine Value Proposition verdient diesen Namen nur, wenn man in vielen Interviews mit potenziellen Käufern deren Bedürfnisse verstehen lernt, dann genau analysiert, was Kunden und Anbieter brauchen und schließlich das daraus entwickelte Wertangebot gründlich verifiziert.

Die Gefahr fehlender Validierung

Bitte machen Sie nicht den Fehler, das Wertversprechen für die Angebotsseite nicht zu validieren und sauber abzuleiten. Ich selber habe mit Kollegen das Start-up »Spoqe.com« aufgebaut – ein digitaler Marktplatz für Lehrvideos. Wir wollten uns auf der Anbieterseite vor allem an Forscher wenden, die ihre Inhalte in Form von Videos auf unsere Plattform hochladen und dort wie in einem Onlineshop verkaufen können. Die Dozenten erhalten 80 % der Einnahmen, die Plattform 20 %. Zusätzlich erhalten die Dozenten viele Funktionen, die sie kostenlos für ihre eigene Lehre nutzen können, wie z. B. automatisch erstellte Multiple-Choice-Prüfungen. Wir haben dieses Wertangebot an die Dozenten aber initial nie verifiziert, weil wir dachten, es sei offensichtlich hoch attraktiv. Und daher ein »no Brainer«, dass Dozenten begeistert mitmachen würden. Schließlich bin ich auch selbst Dozent und meinte daher zu wissen, was Dozenten wollen. Letztlich sind wir dann vor allem am mangelnden Interesse der Dozenten gescheitert. Es fanden sich etliche gute Gründe, wieso ein Dozent nicht über unsere Plattform anbieten möchte. Diese Gründe hätten wir problemlos mit initialen Interviews mit Dozenten herausfinden und uns damit viel Geld und Aufwand sparen können. Haben wir aber nicht. Daher: nie die Value Proposition für die Anbieter als gegeben ansehen, sondern sie genauso intensiv testen wie die für die Nachfrager! Und immer beachten: nie von sich auf andere schließen. Nur weil man selbst etwas toll findet, muss der Rest der Welt das noch lange nicht auch so sehen.

11.1.3 Gewinne erzielen

Das dritte Thema, das wir zur Entwicklung unserer Geschäftsidee zu beleuchten haben, betrifft das *Value Capturing*, oder volkstümlich: das »Kohlemachen«. Bezogen auf das Plattformökosystem verstehen wir darunter die Fähigkeit unserer Firma, aus den Transaktionen der Plattform Gewinne zu erzielen.

Auf lange Sicht wird der Betreiber einer Transaktionsplattform immer versuchen, so viele Einnahmequellen wie möglich anzuzapfen, um seinen Umsatz zu steigern.

Einige Anbieter auf solchen Websites verlangen im Fall eines Abschlusses eine **Gebühr** oder **Verkaufsprovision**. Der virtuelle Gebrauchtwagenmarkt AutoScout24 und die Dating-App Tinder finanzieren sich über den **Verkauf zusätzlicher Produkte oder Dienste**. Auch MoneyPark verlangt von den Anbietern einen Anteil des vermittelten Hypothekarvolumens bei erfolgreicher Vermittlung. Eine Gefahr ist hier immer, dass Anbieter zwar den Kunden über die Plattform gewinnen, den Abschluss dann aber lieber separat machen, um die Vermittlungsprovision zu sparen. Jeder kennt vermutlich Beispiele frecher eBay-Verkäufer, die einen Sonderpreis bieten, wenn man direkt von ihrer Homepage kauft und nicht über die Plattform. Hiergegen können die Plattformbetreiber mit Drohungen oder fixen Regeln ankämpfen. Cleverer ist es aber, die Anbieter über schlaue Zusatzlösungen zu incentivieren, alle Transaktionen über die Plattform abzuschließen. Movu beispielsweise bietet seinen Anbietern ein Abrechnungs- und Buchhaltungstool an, das diese nutzen können – aber nur für Transaktionen, die auch über ihre Plattform liefen.

Ein anderer Ertragsmechanismus basiert darauf, die Transaktionskosten von Anbietern und Nachfragern zu senken und einen Anteil der Ersparnisse für sich zu behalten. So übernimmt beispielsweise MoneyPark einen Teil der Bonitätsprüfung potenzieller Hypothekarkunden für die ausgebenden Institute. Normalerweise spricht ein Kunde bis zu drei Institute an, um einen Preisvergleich machen zu können. Jede dieser Banken oder Versicherungen muss nun erst einmal einen Bonitätscheck machen, um überhaupt ein Angebot vorlegen zu können, nur eine bekommt den Zuschlag – die anderen hatten unnötigen Aufwand. MoneyPark hingegen kann diesen Prozess einmal zentral machen und erhöht somit die Effizienz des Systems. Die Anbieter geben dann gerne einen Teil der Ersparnis weiter.

Große Netze wie Facebook wiederum beglücken ihre Nutzer mit Anzeigen und kassieren von den Werbetreibenden dafür satte Einnahmen. In solchen Konstellationen kommt zu den existierenden Marktseiten also noch eine weitere Komponente hinzu, die das Räderwerk des Systems schmiert. Die Versender und Empfänger der Posts zahlen nur virtuell, indem sie der Plattform persönliche Metadaten überlassen, welche die zielgruppengenaue Ansprache ermöglichen.

Einige Plattformen schalten neue Wertschöpfungskanäle zunächst nur für eine begrenzte Kundengruppe frei. Die Auswahl dieser Testgruppe kann nach ...

- der Region erfolgen,
- dem Alter der Registrierung (»treue Kunden zuerst«),
- umsatzabhängig (»Premiumkunden zuerst«),
- dem Zufallsprinzip (»repräsentative Stichprobe«) oder nach
- anderen Kennziffern.

Mit dieser selektiven Freischaltung von kostenpflichtigen Zusatzangeboten entsteht ein **virtueller Testmarkt**, ideal um die Akzeptanz des neuen Angebots zu erproben.

Bild 11.1 fasst die typischen Einnahmen noch einmal zusammen – auf lange Sicht wird der Betreiber einer Transaktionsplattform immer versuchen, so viele davon wie möglich anzuzapfen, um seinen Umsatz zu steigern.

	Verkaufsprovision	Entlohnung für reduzierte Transaktions-kosten	Zusätzliche Angebote/ Freemium	Werbung
Beispiel	comparis.ch mobile.de MONEY PARK	PayPal MONEY PARK	tinder AUTO SCOUT24	f tinder
Logik	› Die Plattform erhält einen Anteil der Erträge der Anbieter (meist 1 % bis 10 %) › Gefahr: impliziter Anreiz für die Anbieter, Geschäfte neben der Plattform abzuwickeln	› Die Plattform reduziert Transaktionskosten durch eine Rolle als neutraler Intermediär oder sie übernimmt wiederholende Tätigkeiten für mehrere Anbieter › Gefahr: Anbieter geben einen Teil der Kostenersparnis an Plattform weiter	› Neben dem (oft kostenfreien) Grundangebot gibt es weitere Zusatzangebote, über die die Plattform Geld verdient › Gefahr: Kunden ignorieren die Zusatzangebote und nehmen nur die kostenlosen an	› Kernangebot bleibt kostenfrei, somit Unterstützung des Netzwerkeffekts und Kundenbindung durch attraktives, kostenfreies Angebot › Gefahr: Kunden fühlen sich durch Werbung gestört

Bild 11.1 Typische Ertragsmechanismen bei Plattformökosystemen

11.2 Wie komme ich zum Lock-in- und Netzwerkeffekt?

Als die Popgruppe *ABBA* 1980 ihren Song »The Winner Takes It All« vorstellte, dachte sie vermutlich nicht über zentrale Elemente von Plattformökosystemen nach. Sie, liebe Leserinnen und Leser, sind an dieser Stelle des Buches schon wesentlich weiter. Doch allein zu wissen, dass eine Transaktionsplattform durch den Netzwerkeffekt zur Marktdominanz gelangen kann, genügt nicht. Man muss auch wissen, *wie* man diesen Netzwerkeffekt absichert, wenn man ihn endlich erreicht hat.

Damit untrennbar verbunden ist die Frage, wie wir den Lock-in erreichen, also Anbieter und Abnehmer möglichst gewaltfrei an uns binden. Wir wollen die Partner am Anfang ja möglichst schnell auf die Plattform holen. Deshalb halten wir die Ein- und Austrittsbarrieren zu Beginn bewusst niedrig. Niemand geht auf eine mäßig besetzte Plattform, wenn man dort aufgrund von Lock-in-Effekten nicht mehr herauskommt. Genau darin liegt mitunter der größte Nachteil des Plattformökosystems: Die Vertriebspartner können uns leicht wieder verlassen, wenn ihnen irgendetwas nicht passt oder sie sich woanders höhere Umsätze erhoffen. Das Abwandern solcher »Nestflüchter« zeigt sich auch, wenn der Netzwerkeffekt endlich greift. Bis zu einem gewissen Grad ist diese Fluktuation normal. Kritisch wird es, wenn der selbstverstärkende Effekt durch die »Portalflucht« ins Stocken gerät oder gar kollabiert.

Daher ist es ein typischer Weg, zu Beginn einen möglichst leichten Ein- und Ausstieg sicherzustellen und erst einmal den Netzwerkeffekt in Gang zu bringen. Nach Erreichen der dafür nötigen kritischen Masse, und damit auch dem Sicherstellen eines ausreichenden Nutzens für alle Anbieter und Nachfrager, wird dann im nächsten Schritt ein Lock-in installiert.

Wenden wir uns also zunächst dem **Netzwerkeffekt** zu, dem wichtigsten, geradezu sinnstiftenden Phänomen in einem Plattformökosystem. Er konfrontiert jeden Initiator einer Transaktionsplattform mit einem klassischen Henne-und-Ei-Problem: ohne Kunden keine Anbieter, ohne Anbieter keine Kunden. Wie bekommen wir also das Küken zum Wachsen?

Um den Netzwerkeffekt anzukurbeln, müssen wir möglichst früh eine kritische Masse von Anbietern für die neue Plattform begeistern.

Die Lösung ist einfach: Zuerst muss das Angebot da sein, also der Wert, der die Kunden anlockt. Deshalb müssen wir möglichst früh eine **kritische Masse** von Anbietern für die neue Plattform begeistern. Wo dieser Schwellwert im konkreten Fall liegt, hängt von der Größe des Marktes ab. Bei Luxusimmobilien wird die für den Netzwerkeffekt notwendige Menge naturgemäß kleiner sein als bei Massenartikeln. Kernfrage ist immer: Bietet die Plattform mit diesem Angebot eine attraktive Value Proposition an? Falls ja, ist die kritische Masse auf der Angebotsseite erreicht. Gleiche Frage auf der Nachfrageseite: Ist die Plattform für Anbieter interessant, können sie also einen attraktiven Umsatz über die Plattform machen? Falls ja, ist auch auf der Nachfrageseite die kritische Masse geschafft.

Eine gute Strategie kann darin bestehen, zunächst *wichtige* Anbieter ins Boot zu holen. Wenn die Renommierten der Branche vorangehen, ziehen wohl viele Kleinere fast von alleine nach. Um die Marktführer zu gewinnen, lohnt sich ein aufwendig gestalteter und professionell vorgetragener Pitch. Wenn Sie auf lange Sicht von den Anbietern eine Provision einstreichen wollen, könnten Sie den *Early Adoptern*, den Früheinsteigern, eine zeitlich begrenzte »Null-Provision« oder zumindest stark vergünstigte Konditionen anbieten. Alternativ könnte man auch Akteure dazu holen, die auf einen Schlag viele Anbieter oder Nachfrager mitbringen. Die Bezahlplattform TWINT beispielsweise konnte mit der Schweizerischen Post nicht nur eine Vielzahl Postfinance-Kunden auf der Nutzerseite, sondern auch auf Anbieterseite eine breite Palette von Leistungen der Post auf die Plattform bringen.

Ist Ihnen das erst gelungen, haben Sie schon einmal die Henne im Nest. Jetzt fehlen nur noch die Eier: die Kunden. Im Normalfall ist Marketing hierfür ein probates Mittel. Da darf man dann ruhig auch Google, Facebook & Co. verwenden, um über fein granulierte Filter *(Targeting)* genau die richtige Zielgruppe anzusprechen. Im Netz finden Sie viele Dienstleister, die Sie gern im Onlinemarketing unterstützen.

Eine Sonderlösung für das Henne-und-Ei-Problem gibt es bei Transaktionsplattformen, die aus einem Innovationsökosystem hervorgehen. In einem solchen Fall starten wir ja bereits mit einer zugkräftigen Value Proposition. Diese können wir durch Marketing und PR zusätzlich »anheizen«. So entsteht auf der Kundenseite eine kritische Masse, die weitere Anbieter anlockt. Hat deren Zahl dann eine relevante Größe erreicht, rutscht das Ökosystem gewissermaßen in die Transaktionsplattform hinein.

TP24 ist hierfür ein Paradebeispiel. Anfangs dachten die Gründer nur daran, ihre innovative Factoring-Lösung zu etablieren. Dafür bauten sie ihr Innovationsökosystem auf. Dann ergänzten sie weitere Versicherungslösungen für Forderungen diverser Risikoklassen. So entstand schrittweise ein auf Geschäftskunden zugeschnittener Marktplatz für Kreditlösungen.

Wie bei TP24 sind solche Entwicklungen oft zunächst ungeplant. Sie bahnen sich erst an, wenn das Innovationsökosystem viele Kunden begeistert. Allemal sind sie ein charmanter Weg, weil sie sehr früh durch hohe Differenzierung einen starken Lock-in-Effekt erzeugen. Diese Eigenschaft kann nach dem Launch der Transaktionsplattform wie ein Turbolader noch mehr Schub in den Netzwerkeffekt bringen.

Dies bringt auch gleichzeitig einen Lock-in-Effekt. Startet man jedoch nicht über ein Innovationsökosystem, sondern von Anfang an als Plattformökosystem, muss der Lock-in-Effekt meist später dazu gebaut werden. Ein guter Lock-in wendet dabei aber nicht Zwang an, sondern einen Mehrwert. Movu hat für seine Anbieter – die Umzugsfirmen – eine schöne Administrationssoftware geschaffen. Der den Anbietern daraus erwachsende Mehrwert ist so groß, dass sie nicht mehr darauf verzichten wollen – ein typischer Fall von Lock-in. Auch Sie könnten mit einem einzigartigen, wortwörtlich mitreißenden Zusatznutzen die Zahl der Anbieter auf Ihrer Website an die Plattform binden und somit den Netzwerkeffekt stabilisieren.

Zusammengefasst gibt es drei typische Maßnahmen zur Schaffung eines Lock-ins:

- **Dominanz:** Wenn eine Plattform eine marktbeherrschende Stellung erreicht hat, wird es sich der Partner dreimal überlegen abzuspringen, siehe Amazon, Booking.com, WhatsApp oder X (ehemals Twitter). Gerade letztere Beispiele zeigen aber, dass man sich nie zu sehr auf den Netzwerkeffekt verlassen darf – Probleme wie z. B. mit Datenschutz oder Reputationsverlusten können schnell zur Implosion des Netzwerkeffekts beitragen.
- **Add-on-USPs:** Damit werden einzigartige Zusatzleistungen angeboten wie bei der Umzugsfirmen-Admin-Software bei Movu.
- **Innovative VP:** Die Partner eines Innovationsökosystems haben viel in die Value Proposition investiert und werden beim Wechsel zur Transaktionsplattform an Bord bleiben wollen. Oder der Orchestrator baut nach Erreichen des Netzwerkeffekts weitere innovative VPs auf, die den Netzwerkeffekt stützen.

11.3 Vermeiden Sie Nirwana-Schnittstellen

Beim Aufbau eines Plattformökosystems ist unbedingt zu klären, wie man untereinander Transaktionsdaten und andere Informationen austauscht. Darunter fallen auch statistische Daten, mit deren Hilfe Anbieter ihr Portfolio und das Marketing optimieren können.

Ein reibungsloser Austausch, auch von Abnehmerdaten, ist überdies wichtig, um den Kunden ein möglichst nahtloses Nutzererlebnis zu bieten. Wenn etwa ein Kunde auf einer Vergleichsplattform bereits seine Lieferadresse und einen Zahlungsweg wie PayPal hinterlegt hat, dann möchte er diese Daten ja vielleicht am virtuellen Ladentisch, dem Point of Sale, nicht erneut eingeben. Über ein Interface kann man ihm diese Arbeit abnehmen.

Je nach Plattform gibt es noch eine ganze Reihe anderer Daten, die zwischen dem Portalbetreiber und den Anbietern von Produkten und/oder Dienstleistungen ausgetauscht werden müssen. So könnte das Portal als Kommissionär auftreten, den Vertrag also direkt mit dem Kunden schließen. Dann müsste es neben den Absatzdaten auch Finanzinfos übermitteln und Geld überweisen. Falls das Portal die Rolle des Vermittlers einnimmt, sind genaue Abrechnungsdaten und Gebühren mitzuteilen.

Die digitale Kommunikation hinter all diesen Anwendungsfällen erfolgt über Schnittstellen oder auf Neudeutsch: über Interfaces. Was genau versteht man darunter? Nun, zwei unabhängige Systeme, die miteinander kommunizieren, müssen wenig bis gar nichts von den inneren Abläufen des jeweils anderen wissen. Jeder sieht sein Gegenüber nur als Blackbox. Aber da, wo der Informationsaustausch stattfindet, müssen die Systeme sich an einen Standard halten, den beide kennen. Ein Küchenmixer und das Stromnetz des örtlichen Energieanbieters etwa interessieren sich herzlich wenig für die Interna des anderen. Aber beide halten sich an die Norm, die festschreibt, wie ein Netzstecker in eine Steckdose passt und wie der Strom hindurchzufließen hat.

Bei den Teilnehmern einer Transaktionsplattform ist es nicht viel anders, wenn auch deutlich komplexer. Die grundlegenden Prinzipien des digitalen Informationsaustauschs sind allerdings seit Jahrzehnten bekannt und durch Normungsgremien standardisiert. Zahlreiche schlüsselfertige Anwendungen nutzen diese Normen, damit das Miteinander unabhängiger Organisationen oder Personen reibungslos abläuft. Es gibt Kollaborationssoftware, Groupware und diverse Austauschformate für strukturierte Daten wie XML, CSV oder EDIFACT, um nur drei zu nennen.

Bei der Wahl der geeigneten Schnittstellen für eine Transaktionsplattform sollten Sie die größtmögliche Skalierung im Blick behalten. Vermeiden Sie deshalb kreative Sonderlösungen und hohe Komplexität so weit wie möglich. Wenn Partner ein Interface nur mit hohem Aufwand implementieren können, lassen Sie gleich die Finger davon.

Selbst gebastelte, komplexe Schnittstellen oder Softwarelösungen sind daher für ein Plattformökosystem meist ungeeignet. Definieren Sie die Interfaces möglichst einfach. Wenn es irgendwie geht, verzichten Sie auf nicht standardisierte Formate. Schlüsselfertige Anwendungen bieten meist von Haus aus einen Im- und Export für die gängigsten Datenaustauschformate.

Und fangen Sie am besten gar nicht erst an, für wichtige Anbieter und große Kunden individuelle Interfaces zu basteln. Damit pflastern Sie Ihren Wachstumspfad mit Felsbrocken – schwer zu überwindende Hindernisse. Jede Ausnahme wird Sie in Zukunft Geld kosten, das Sie besser für Innovationen einsetzen können.

Ein Application Programming Interface verlagert die Individualisierung auf die Partner- oder Kundenseite. Das spart Kosten und die Plattform bleibt agil.

Ein weiteres erprobtes Mittel, um die Komplexität Ihrer Datenstrukturen vor Partnern und Kunden zu verbergen, sind sogenannte *Application Programming Interfaces* (APIs). Wie der Name schon sagt, ist ein API nicht in erster Linie für Excel-Tabellen oder Reports gedacht. Es ist eine *Programmier*schnittstelle. Programmierer benutzen sie für standardisierte Funktionsaufrufe, um ausgewählte Daten der Transaktionsplattform zu lesen, zu verändern und auszuwerten. Auch bestimmte Prozesse wie das Einrichten eines Zahlungsziels für den Kunden lassen sich damit anstoßen.

Vermeiden Sie undokumentierte »Nirwana-Schnittstellen«, sonst verschwinden Ihre Daten beim Dahinscheiden des Lösungsanbieters in der Nichtexistenz.

Der Hauptpunkt beim Thema Interfaces ist: Definieren Sie Ihre Schnittstellen so einfach und so standardisiert wie möglich. Achten Sie auf einen sauberen Migrationspfad, um bei Bedarf auf ein anderes System wechseln zu können. Dazu sollten Sie übrigens die *gesamte* Datenstruktur dokumentieren, nicht nur die Datenfelder, die Sie mit Kunden und Lieferanten austauschen.

Ohne lückenlose Dokumentation erschaffen Sie »Nirwana-Schnittstellen«: Beim Dahinscheiden des Lösungsanbieters verschwinden Ihre Daten in der Nichtexistenz. Ein solcher Totalverlust kann für ein Unternehmen das Aus bedeuten.

Das API ist ein eleganter Weg, individuellen Wünschen von Partnern und Kunden nachzukommen, ohne dafür im eigenen Ökosystem Anpassungen vorzunehmen. Wir verlagern die Individualisierung damit auf die Partner- oder Kundenseite. So bleibt unsere Transaktionsplattform schlank und agil und wir können bei der Planung weiteren Wachstums aus dem Vollen schöpfen.

12 Fazit: Doping für Ihre Innovationen

In der Einleitung haben wir mit einer Filmszene begonnen und so wollen wir jetzt auch enden. Vielleicht haben Sie ja ein paar der über dreißig Verfilmungen des Romans *Die drei Musketiere* von Alexandre Dumas gesehen. An welchen Satz daraus erinnern Sie sich am besten? Vermutlich ist es der Schwur: »Einer für alle, alle für einen.«

Auch ein Innovationsökosystem ist so eine eingeschworene Gemeinschaft. Später wissen die Kunden oft nicht, wem genau sie das innovative Produkt verdanken, das sie unbedingt besitzen wollen. Sie haben keine Ahnung von den einzelnen Akteuren, die zwar nicht mit Musketen und Degen, aber mit viel Grips, Engagement und finanziellem Risiko etwas unwiderstehlich Einmaliges auf den Markt gebracht haben. »Einer für alle, alle für einen« ist das unausgesprochene Leitprinzip dieser Partner, das sie mutig in den Kampf um Marktanteile ziehen lässt.

Es würde mich freuen, mit diesem Buch auch Ihnen Mut gemacht zu haben. Mut, die Innovationen in Angriff zu nehmen, die einen Quantensprung für Ihr Unternehmen bedeuten können.

Teil 1 des Buches hat gezeigt, dass wir im Zeitalter von Digitalisierung und künstlicher Intelligenz Innovation neu denken müssen. Lassen Sie sich deshalb vom Buzzword »Ökosystem« nicht blenden. Was so genannt wird, ist oft nur alter Wein in neuen Schläuchen. Nun hat ein gut gereifter, edler Tropfen ja seine Vorzüge. So ist es auch mit den Pseudo-Ökosystemen. In Zukunft werden sich Unternehmen und Menschen weiter in Wissensnetzen austauschen. Einige alte Branchen werden verschwinden und neue entstehen. Industriecluster, Co-Working-Spaces, Innovationszentren mögen auch zukünftig ihre Berechtigung haben. Aber diese Konstellationen bieten nichts Neues, nur weil man sie als »Ökosystem« bezeichnet.

Die beiden wirklich umwälzenden Konzepte, die um das Jahr 2000 herum ihren Siegeszug begonnen haben, sind das Innovations- und das Plattformökosystem. In Ersterem steckt das stärkste »Doping für Innovationen«: Unabhängige Partner vernetzen sich und bringen bahnbrechende Ideen zur Marktreife, die jeder Akteur allein nie hätte realisieren können.

Plattformökosysteme wie die Transaktionsplattformen von Amazon, Booking.com oder WhatsApp innovieren im Unterschied dazu eher durch die Art und Weise, *wie* sie Anbieter und Abnehmer zusammenbringen. Schon früher hat es Marktplätze gegeben, Reisebüros, die Hotelzimmer buchen, und Kurznachrichtendienste. Aber die neuen, weitgehend automatisierten Transaktionsplattformen können global agieren und durch den Netzwerkeffekt eine marktbeherrschende Stellung erlangen. Das hat es in dieser Form vor dem Jahr 2000 nicht gegeben.

Könnte eines dieser beiden Konzepte auch Ihrer Geschäftsidee Flügel verleihen? Dazu muss sich das Ökosystem innerhalb des Rahmens bewegen, den die Unternehmensstrategie absteckt. Es braucht den Rückhalt des Topmanagements. Und es muss vor allem dem Kunden ein unwiderstehliches Wertangebot machen – die Value Proposition.

In Teil 2 haben Sie erfahren, dass es in Business-Ökosystemen eine klare Rollenverteilung gibt. Diese ist in einem Innovationsökosystem stärker ausgeprägt als bei einem Plattformökosystem. In Letzterem läuft in der Regel vieles automatisch ab, weshalb der Orchestrator weniger koordinieren muss. Viele IT-Komponenten sind austauschbar. Auch einzelne Lieferanten sind gewöhnlich leicht zu ersetzen.

Im Gegensatz dazu bietet das Innovationsökosystem mehr Risiken, aber ebenso enorme Chancen. Risiken, weil die Modullieferanten komplementäre Komponenten entwickeln, die einander ergänzen und ohne das Ökosystem so gut wie unbrauchbar sind. Risiken auch, weil die Kundenschnittstelle alternativlos sein mag. Der Orchestrator könnte aufgrund seiner Expertise und Glaubwürdigkeit ebenfalls so wichtig sein, dass mit ihm das ganze Ökosystem steht oder fällt.

Ein Innovationsökosystem erfordert daher gute Planung. Sein Initiator muss sich darüber klar sein, welche Innovationsfelder er bespielen möchte. Dann gilt es, die Rolle(n) des Orchestrators klug zu wählen und sie über den Marktgang des Produkts hinaus richtig zu besetzen. Alleine oder allenfalls zusammen mit dem Schlüsselpartner ist eine wirklich starke Value Proposition zu definieren. So stark, dass selbst der eine oder andere Kompromiss, den man einem Akteur zubilligt, das Nutzenversprechen nicht völlig verwässert.

Denn solche Zugeständnisse gegenüber den Partnern sind eher die Regel als die Ausnahme. Auch deshalb gilt der Leitsatz: so viele Partner wie nötig, so wenige wie möglich. Besser ist es, das Sahnehäubchen auf dem Wertangebot wegzulassen, als sich damit einen Wackelkandidaten einzuhandeln, der später das ganze Ökosystem wie ein Kartenhaus zum Einsturz bringt.

Ferner benötigen der Orchestrator und mit ihm das Ökosystem einen Ankerpunkt in der Organisation des initiierenden Unternehmens. Weil nicht selten Entscheidungen von großer Tragweite getroffen werden müssen, ist eine Aufhängung im Topmanagement meist eine kluge Wahl. Frühzeitig sollte auch geklärt werden, wo sich Change-Barrieren auftürmen könnten und wie man sie abräumt.

Bei Plattformökosystemen hingegen geht es von Anfang an um Skalierung und Dominanz. Wie wir gesehen haben, ist auch der Lock-in-Effekt eine wichtige Größe bei der Planung und beim Aufbau des Ökosystems: Eine Transaktionsplattform sollte den Lieferanten genügend Anreize bieten, damit sie freiwillig an Bord bleiben. Und sie muss den Kunden beim Vergleichen von Angeboten so viel Zeit und Mühe ersparen, dass sie sich gerne an das Portal binden.

Mit den Grundlagen dieses Buches ist Ihnen jetzt bewusst, worauf Sie bei der Umsetzung eines Ökosystems achten müssen. Sie kennen die wichtigsten Stellschrauben. Sie wissen, dass es für Spezialaufgaben wie den Aufbau einer Unternehmenskultur und einer Community externe Berater gibt.

Und Sie haben, so hoffe ich, Mut gewonnen. Mut zu aufregenden Neuerungen, an die Sie sich früher vielleicht nie herangewagt hätten. Mut für eine inspirierende Gemeinschaft aus Partnern, die aus dem Ganzen mehr erschafft als die Summe seiner Teile. Den Mut, »einer für alle und alle für einen« zu sagen, und dadurch im Kosmos der Innovationen ins nächste Level aufzusteigen.

13 Literatur

13.1 Weiterführende Literatur

Adner, R. (2017): »Ecosystem as Structure: An Actionable Construct for Strategy«, in: *Journal of Management*, 43(1), 39 – 58.

Crozier, M./Friedberg, E. (1993): *Die Zwänge kollektiven Handelns: über Macht und Organisation*. Frankfurt am Main: Hain.

Heinen, E./Fank, M. (Hrsg.) (1997): *Unternehmenskultur. Perspektiven für Wissenschaft und Praxis*. 2. Auflage. Berlin: De Gruyter Oldenbourg.

Jacobides, M. G./Cennamo, C./Gawer, A. (2018): »Towards a theory of ecosystems«, in: *Strategic Management Journal*, 39(8), 2255 – 2276.

Schedler, K./Rüegg-Stürm, J. (Hrsg.) (2013): *Multirationales Management. Der erfolgreiche Umgang mit widersprüchlichen Anforderungen an die Organisation*. Bern: Haupt Verlag.

Schein, E. H. (2016): *Organizational Culture and Leadership*. 5. Auflage. San Francisco: Wiley.

Townley, B. (2008): *Reason's Neglect: Rationality and Organizing*. Oxford: Oxford University Press.

13.2 Ausgewählte Quellen

Altmann, J. (2018): »Factoring: Definition: Was ist ‚Factoring'?«, in: *Gabler Wirtschaftslexikon*, [online] *https://wirtschaftslexikon.gabler.de/definition/factoring-33147* [abgerufen am 03. 11. 2023].

Bühlmann, R. (2018): »HORW: Massgeschneiderte Skischuhe aus dem 3D-Drucker«, in: *Luzerner Zeitung*, 05. 04. 2018, [online] *https://www.luzernerzeitung.ch/wirtschaft/horw-massgeschneiderte-skischuhe-aus-dem-3d-drucker-ld.84623* [abgerufen am 03. 11. 2023].

Cohen, W. M./Levinthal, D. A. (1990): »Absorptive Capacity: A New Perspective on Learning and Innovation«, in: *Administrative Science Quarterly*, 35(1), S. 128 – 152, [online] doi: 10.2307/2393553.

Die Schweizerische Post [Post CH AG] (2018a): »Drohnen in der Logistik«, [online] *https://www.post.ch/de/ueber-uns/innovation/innovationen-in-entwicklung/drohnen* [abgerufen am 11. 10. 2023].

Die Schweizerische Post [Post CH AG] (2018b): »Drohnenlogistik. Mit neuen Technologien durchstarten«, [online] *https://www.logistikpunkt.ch/de/pages/logistik/2018/mit-neuen-technologien-durchstarten* [abgerufen am 11. 10. 2023].

Elkind, P./Gillum, J./Silverman, C. (2021): »How Facebook Undermines Privacy Protections for Its 2 Billion WhatsApp Users«, in: *ProPublica*, 07. 09. 2021, [online] *https://www.propublica.org/article/how-facebook-undermines-privacy-protections-for-its-2-billion-whatsapp-users* [abgerufen am 03. 11. 2023].

Lingens, B./Böger, M./Gassmann, O. (2021): »Even a Small Conductor Can Lead a Large Orchestra: How Startups Orchestrate Ecosystems«, in: *California Management Review*, 63(3), 118 – 143.

Lingens, B./Huber, F. (2023): »Heading the orchestra of innovation: how firms align partners in ecosystems«, in: *Innovation*, 25(3), 257 – 281.

Lingens, B./Huber, F./Gassmann, O. (2021): »Loner or Team Player: How Firms Allocate Orchestrator Tasks amongst Ecosystem Actors«, in: *European Management Journal*, 40(4), 559 – 571.

Lingens, B./Miehé, L./Gassmann, O. (2021): »The Ecosystem Blueprint: How Firms Shape the Design of an Ecosystem According to the Surrounding Conditions«, in: *Long Range Planning*, 54(2), 102043.

Lingens, B./Seeholzer, V./Gassmann, O. (2022): »The architecture of innovation: how firms configure different types of complementarities in emerging ecosystems«, in: *Industry and Innovation*, 29(9), 1108 – 1139.

Lingens, B./Seeholzer, V./Gassmann, O. (2023): »Journey to the Big Bang: How firms define new value propositions in emerging ecosystems«, in: *Journal of Engineering and Technology Management*, 69, 101762.

Mair, S. (2020): »Tradeplus24: Dieses Fintech ist auf Expansionskurs«, in: *Handelszeitung*, 26. 03. 2020, [online] *https://www.handelszeitung.ch/podcasts/upbeat/tradeplus24-dieses-fintech-ist-auf-expansionskurs-291588* [abgerufen am 03. 11. 2023].

Nolmans, E. (2021): »Tradeplus24 expandiert weiter«, in: *Handelszeitung*, 16. 09. 2021, [online] *https://www.handelszeitung.ch/bilanz/tradeplus24-expandiert-weiter-347492* [abgerufen am 03. 11. 2023].

o. V. (2023): »Zulassung in Kalifornien: Mercedes prescht autonom vor«, in: *FAZ.NET*, 09. 06. 2023, [online] *https://www.faz.net/-gqi-ba823* [abgerufen am 11. 10. 2023].

Statista (2022): »Cyberangriffe – Betroffene Unternehmen weltweit 2022«, *Statista*, [online] *https://de.statista.com/statistik/daten/studie/1230157/umfrage/unternehmen-die-in-den-letzten-12-monaten-eine-cyber-attacke-erlebt-haben* [abgerufen am 03. 11. 2023].

Vogel, B. (2022): *Digitales Geld nachhaltiger machen*, hrsg. v. Bundesamt für Energie [BFE], [online] *https://pubdb.bfe.admin.ch/de/publication/download/1103* [abgerufen am 03. 11. 2023].

Wei-Haas, M./Greshko, M. (2020): »Der Bote des Todes: Kanadas neuer Tyrannosaurus. Der Tyrannosaurier mit der vernarbten Schnauze war ein echter Zufallsfund und liefert Hinweise darauf, wie die Tiere an die Spitze der Nahrungskette aufsteigen konnten«, in: *National Geographic* [Original], 14. 02. 2020, [online] *https://www.nationalgeographic.de/wissenschaft/2020/02/bote-des-todes-kanadas-neuer-tyrannosaurus* [abgerufen am 11. 10. 2023].

14 Der Autor

Bernhard Lingens

Dr. Bernhard Lingens ist Experte für Innovationsmanagement und Ecosystems. Er leitet den Bereich für Innovation am IMA der Universität Luzern, wo er auch Mitglied des Direktoriums ist, und ist Adjunct Associate Professor an der Aalborg University Business School. Er ist Studiengangsleiter und Dozent für die CAS in Ecosystem Management und Innovationsmanagement der Universität Luzern und unterrichtet an zahlreichen anderen Hochschulen in diesen Themenfeldern. Neben diesen akademischen Tätigkeiten ist er freiberuflicher Unternehmensberater, Start-up-Investor und Mitglied diverser Aufsichtsräte und Advisory Boards. Er hat einen Doktor in Innovationsmanagement von der Universität St. Gallen und einen Master of Science in Wirtschaftsingenieurwesen. Frühere Positionen umfassen akademische Tätigkeiten an der Universität St. Gallen und am Imperial College London sowie Beratertätigkeiten bei Roland Berger.

Unter *www.lingens-innovation.com* werden laufend weiterführende Informationen rund um das Thema Ökosysteme bereitgestellt.

Unter Mitarbeit von Ralf Isau

Das vorliegende Sachbuch ist eine Kooperation mit Ralf Isau. Das Essener Haus der Technik ernannte den 1956 in Berlin geborenen Schriftsteller und Publizisten 2013 zum Bildungsbotschafter. Isaus eigenes Werk umfasst über 40 Bücher, vorwiegend Romane und Erzählungen. Außerdem verfasst er in seiner Textagentur Phantagon Fach- und Sachbücher, Biografien, Essays sowie Fachartikel für Magazine, Tageszeitungen und Onlinemedien.

15 Index

I

J

K

L

M

N

O

P

R

S

T

U

V

W

Z